新知
图书馆
第一辑

起源与进化

THE ORIGIN OF THE EARTH AND HUMANITY

【美】The Diagram Group /著　胡煜成　等/译

上海科学技术文献出版社
Shanghai Scientific and Technological Literature Press

图书在版编目（CIP）数据

起源与进化 / 美国迪亚格雷集团著；胡煜成等译 . —3 版 . —上海：上海科学技术文献出版社，2019
（新知图书馆）
ISBN 978-7-5439-7361-9

Ⅰ.① 起… Ⅱ.①美…②胡… Ⅲ.①古生物学—青少年读物 Ⅳ.① Q91-49

中国版本图书馆 CIP 数据核字（2019）第 039305 号

选题策划：张　树
责任编辑：王　珺　黄婉清
封面设计：合育文化

起源与进化
QIYUAN YU JINHUA
[美] The Diagram Group　著　胡煜成　等译
出版发行：上海科学技术文献出版社
地　　址：上海市长乐路 746 号
邮政编码：200040
经　　销：全国新华书店
印　　刷：常熟市人民印刷有限公司
开　　本：720×1000　1/16
印　　张：20
字　　数：359 000
版　　次：2019 年 1 月第 1 版　2019 年 1 月第 1 次印刷
书　　号：ISBN 978-7-5439-7361-9
定　　价：48.00 元
http://www.sstlp.com

总序

　　《地球生物》是一套简明的、附插图的科学指南。它介绍了地球上的生命最早是如何出现的，又是怎样发展和分化成如今阵容庞大的动植物王国的。这个过程经历了千百万年，地球上也拥有了为数众多的生命形式。在这段漫长而复杂的发展历史中，我们不可能覆盖到所有的细节，因此，这套丛书将这些内容清晰地划分为不同的阶段和主题，让读者能够循序渐进地获得一个整体印象。

　　本丛书囊括了所有的生命形式，从细菌、海藻到树木和哺乳动物，重点指出那些幸存下来的物种对环境的适应和应对策略具有无限的可变性。它描述了不同的生存环境，这些环境的变化以及居住在其中的生物群落的演化过程。丛书中的每一个章节都分别描述了根据分类法划分的这些生物族群的特性、各种地貌以及这颗行星的特征。

　　《地球生物》由自然历史学家的专家所著，并且通过工笔画、图表和地图等方式进行了详尽阐释。这套丛书将为读者今后学习自然科学提供核心的必要的基础。

目 录

第三部分 远古人类

解密地球

BEFORE LIFE

胡煜成/译

Part 1
第一部分

这一部分中,我们介绍了地球的形成和演化,地球上发生的有趣的现象,以及地球上的生命过去和现在的样子。我们按以下七个章节讲述:

第一章为宇宙起源,介绍了科学家对宇宙形成的种种理论和看法以及目前所掌握的关于宇宙形成的证据。

第二章为宇宙构成,介绍了星系、恒星以及其他宇宙天体的演化过程。

第三章为我们的太阳系。在这里,我们可以进一步了解我们所在的太阳系,包括太阳系的形成及结构、行星及其卫星、小行星和彗星。

第四章为地球,介绍了地球作为行星的运行、地球的卫星月球以及地球上的化学构成。

第五章为地质构造,告诉我们地球的大陆和海洋是如何形成的,这种驱动力来自地球的内营力。

第六章为岩石,介绍了组成地壳的各类型岩石的构成。

第七章为侵蚀过程及其他地质进程,告诉我们岩石是如何在外力的作用下受到磨损或分裂的,这有助于我们理解今天所看到的地文景观。这一章还介绍了潮汐、洋流和气候变化的知识。在这一章的最后,介绍了地球上的早期生命。

第一章
宇宙起源

宇宙的诞生

最初，人们认为宇宙是由神明创造出来的。这种神创论的思想曾经非常普遍，因为当时的科技力量还不够强大，人们根本说不清楚为什么世界会是这个样子的，所以只好认为一切都是由全能的神明创造的。直到今天，神创论的思想仍然存在。在一些宗教中，这种思想仍被坚信，有些人现在还迷信宇宙是由神明创造的。

科学家从来不迷信，他们相信的是理性的观点。科学家的做法通常是这样的：首先对自然现象进行观察和分析，在这个基础上提出假设和猜想，之后再去寻找实验中得到的数据和证据来证明他们的观点。

在科学研究中最重要的一点是，科学家在整个研究过程中应该不带有任何偏见地去分析和推理，努力不让结果受到任何信条或看法的影响。

世界上大多数宗教都有自己的关于宇宙起源的故事。所有这些故事都用神创论来解释宇宙的诞生，它们的共同点是认为宇宙万物是被某种神明的力量创造出来的。

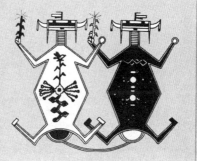

　　科学家喜欢收集证据,他们可以用这些证据来检验他们的观点是否正确,接着他们可以对猜想和假设作出相应的调整。科学研究是一个不断完善的过程,在这个过程中,科学家会保持开放的头脑,随时准备去修正自己的观点,不懈地接近真理。科学家正是用这样的办法在研究宇宙的起源和本质问题,系统地提出理论并且不断进行修正。

1 观察　▶　2 分析　▶　3 猜想　▶　4 实验　▶　5 结果　▶　6 理论

科学结论

　　在20世纪20年代,天文学家维斯托·斯里弗和埃德温·哈勃的重要发现引发了一个重大猜想:整个宇宙由时间和空间中的一个点膨胀而来。从这时起,科学家开始提出一系列假说,希望能用这些假说解释清楚宇宙的起源,这便是现代宇宙学的开始。1927年,比利时天体物理学家乔治·勒梅特提出"大爆炸理论",认为宇宙最初是一个密度极高的物质球,很久以前发生过一次巨大的爆炸，这次爆炸就是宇宙的开端。

　　1948年，三位英国天文学家赫尔曼·邦迪、托马斯·戈尔德和弗雷德·霍伊尔提出了"稳态理论"。稳态理论与大爆炸理论完全不同，这一理论认为，宇宙中的物质在不断地创生着，创生出来的物质刚好填补了由于星系间的膨胀所带来的空缺。在稳态理论中，宇宙可以不需要有开始或结束，但宇宙必须是无限大的。然而在此之前，最初科学家认为的是，如果宇宙没有边界地大下去，那么恒星的数目也会无限地大下去。这就是说，无论站在宇宙中的哪一点，我们都可以看到无数个恒星发出的光，所以我们看到的宇宙应该全部是白色的，没有任何黑色的地方。而在1929年，埃德温·哈勃推导出"哈勃定律"。这条定律告诉我们，我们是无法看到距离地球超过100亿光年的星系的，这是因为那里的恒星以超过光速的速度在膨胀，它们发出来的光永远也到不了地球。哈勃定律证明，宇宙只有一部分是可以看到的，而另一部分是不能被看到的。因此，宇宙可能是有限的，也可能是无限的。

　　1920年，美国天文学家维斯托·斯里弗发现来自遥远星系的光波会发生变形。由此，他提出宇宙在膨胀的猜想。1923年，埃德温·哈勃认为，宇宙可以被看做是一个不断充气的气球。

宇宙

它是如此广阔，广阔得可能没有边界；它是如此神秘，神秘得不可能被理解。它为什么会存在？它究竟怎样存在？

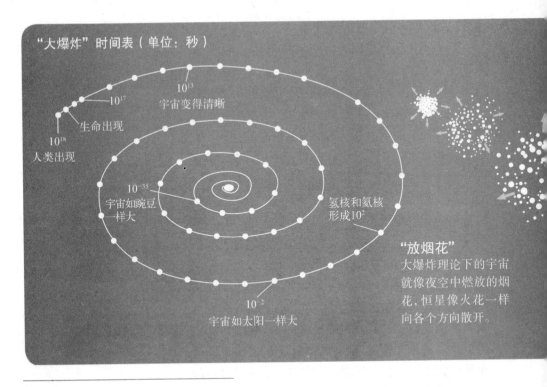

"大爆炸"时间表（单位：秒）

10^{17}
生命出现
10^{18}
人类出现

10^{13}
宇宙变得清晰

10^{-35}
宇宙如豌豆一样大

氢核和氦核形成10^2

10^{-2}
宇宙如太阳一样大

"放烟花"
大爆炸理论下的宇宙就像夜空中燃放的烟花，恒星像火花一样向各个方向散开。

大爆炸理论

根据这一理论，宇宙中的时间、能量、物质全部来自150亿年前的一场超级大爆炸。

知识窗

大爆炸理论和稳态理论曾经都很流行。1964年，美国物理学家罗伯特·迪克预言宇宙中存在着"宇宙微波背景辐射"。这一预言如果得到证实，将会是大爆炸理论的一个有力证据。美国天文学家阿诺·彭齐亚斯和罗伯特·威尔逊在1965年证实了这一猜想。从这以后，稳态理论便不再流行了。迪克后来提出了一种折中的观点，叫做循环演化理论。这种理论认为，宇宙在周而复始地膨胀和收缩，一次膨胀和收缩的时间周期大约为450亿年。

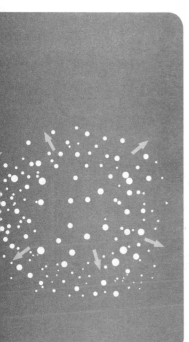

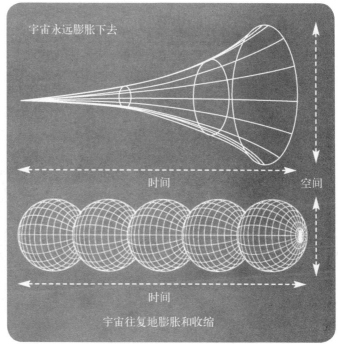

宇宙永远膨胀下去

时间　　　　　　　空间

宇宙往复地膨胀和收缩

时间

科学依据

来自遥远星系的光波会发生变形，这种现象叫做红移。我们想象，一束白光来自太阳，这束光会以光速到达地球。可是，如果这束光来自一个正离我们远去的星系，当它到达地球时，光波会被拉长，这时这束光看起来就像是向光谱的红端偏移了，也就是说它变红了。相反，如果光源星系正向我们靠近，这束光就会向光谱蓝端偏移（蓝移现象），因为光波被压短了。上述现象被称为多普勒效应，它是由奥地利物理学家约翰·克里斯蒂安·多普勒在1842年发现的，只不过他当时研究的是声音，而不是光。

在红移现象的帮助下，埃德温·哈勃发现了星系到地球的距离和星系远离地球的速度之间的关系，并推导出了哈勃定律，这条定律中出现的常数被称为哈勃常数。有了这条定律，科学家们就可以比较星系间的红移量，并以此来估算宇宙的年龄和大小。然而,要使用哈勃常数,我们就必须假定宇宙膨胀的速度是不会减慢的。这与循环演化理论是矛盾的,因为后者认为宇宙的膨胀和收缩是交替着进行的。事实上,最近的证据表明,目前看来宇宙的膨胀速度确实是越来越快,宇宙中的物质也变得越来越杂乱无章。

宇宙起源的理论需要有科学的依据。例如,我们发现来自遥远星系的光波会变形,这表明我们的宇宙正在膨胀。

约翰·克里斯蒂安·多普勒　　　　埃德温·哈勃

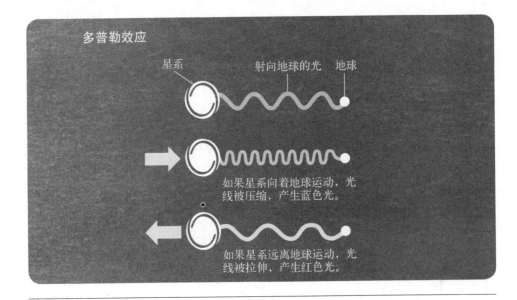

多普勒效应

星系　　　射向地球的光　地球

如果星系向着地球运动,光线被压缩,产生蓝色光。

如果星系远离地球运动,光线被拉伸,产生红色光。

多普勒效应
当白色光波的光源向远离地球的方向运动时,在地球上看到的光波会偏红,这是多普勒效应的一种表现。

知识窗

　　1964年，罗伯特·迪克提出的"微波背景辐射"，被证实后成为大爆炸理论的有力支持。微波背景辐射是"宇宙微波背景辐射"的简称，这是一种很微弱的电磁场辐射，它在整个天空中均匀分布，在各个方向上都能被接收到，科学家认为它是当年那场大爆炸留下来的证据。大爆炸之后，微波背景辐射充满了整个宇宙，随着宇宙的膨胀，微波背景辐射的波长也跟着变长，现在的波长大约为1毫米。

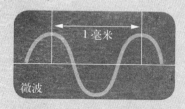

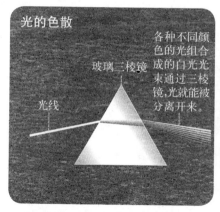

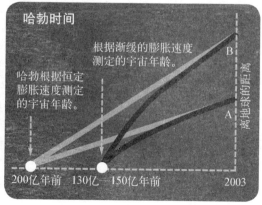

光的色散（左图）

白色光通过三棱镜后，光线发生了偏折，各种颜色的光被分离出来，形成了一列光谱。

哈勃时间（右图）

埃德温·哈勃通过计算，估测出宇宙的年龄大约有200亿岁了。

第二章
宇宙构成

宇宙的结构

按照形状分类，星系可分为三种基本类型：椭圆星系、旋涡星系和棒旋星系。星系通常非常巨大，包含了大群大群的恒星，这些恒星围绕着星系的中心旋转。在旋转的作用下，椭圆星系会从中心甩出一些"手臂"出来，这就形成了旋涡星系和棒旋星系。那些介于旋涡星系和椭圆星系之间的星系，看起来中间厚四周薄，叫做透镜状星系。我们所在的星系叫做银河系，它属于旋涡星系，包含 1 000 亿个恒星。银河系的直径约为10 万光年，厚度约为 2 万光年。我们的太阳距离银河系中心大约 3 万光年，太阳环绕银河系的中心运动，运行一周大约需要2.2 亿年。

现在让我们来感受一下银河系是多么大：离太阳最近的恒星是一颗叫做比邻星的红矮星，它与太阳的距离为 4.244 光年。一光年就是光在一年的时间里传播的距离，大约为 9.46×10^{12} 千米。比邻星离我们有 4×10^{13} 千米远。然而这么远的距离放在宇宙中却小到可以忽略不计，因为宇宙的直径至少是 100 亿光年，这相当于 9.46×10^{22} 千米。

星系分类
通常，星系的形状由星系的旋转情况决定。

星系分类

椭圆星系　　　　　旋涡星系　　　　　棒旋星系

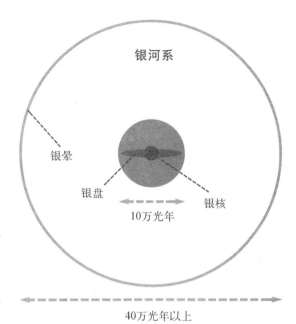

银河系

银晕

银盘 ————— 银核

10万光年

40万光年以上

银河系（右图）

我们所在的星系叫做银河系，当我们通过望远镜观察它时，我们可以看到数以百万计的恒星，它们聚集在一起，就像一团白云一样。

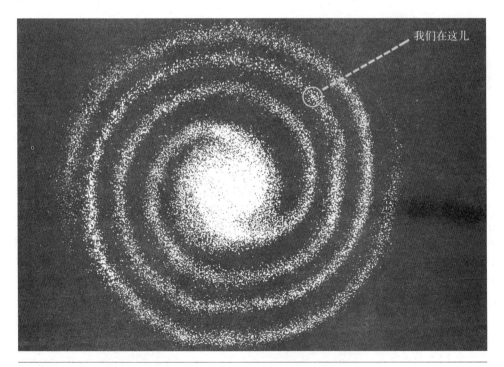

我们在这儿

我们所在的星系

银河系里有数不清的恒星系，地球所在的太阳系只是其中很普通的一员。

恒星的一生

恒星形成的有关因素有旋转、离心力和向心力。

　　恒星漫长的一生开始于星云，星云是由星际气体和星际尘埃组成的云状物质。星云最初非常稀薄，慢慢地，星云里的物质聚集成一个旋转着的球体。一方面球体由于

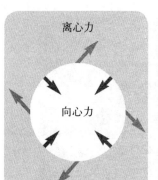

方向相反的两个力（上图）
离心力和向心力相互平衡，让物体能够稳定地转动。

太阳系的形成（右图）
旋转和万有引力提供了离心力和向心力，为太阳系的产生创造了条件。

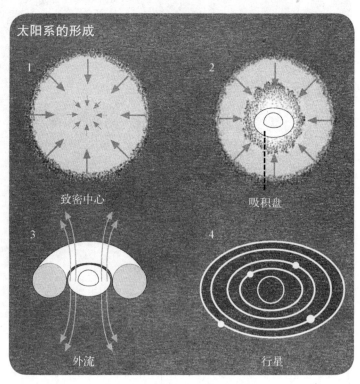

太阳系的形成

1 致密中心
2 吸积盘
3 外流
4 行星

旋转而产生离心力，另一方面球体里的物质具有万有引力。在这两个力的共同作用下，球体能够保持一个稳定的旋转状态，这个状态与恒星的物质总和有关，也与恒星的转动快慢有关。如果恒星的质量足够大，在万有引力的作用下，原子与原子间会受到巨大挤压力。当原子承受不住这个压力时，会激烈碰撞并且塌陷，发生核反应，像太阳一样释放出大量辐射。

恒星的生命周期

1. 诞生　2. 星云的收缩　3. 主序前星开始发光　4. 恒星膨胀　5. 红巨星
6. 红超巨星　7. 超新星　8. 脉冲星

对于一个旋转着的物体,离心力是使物体远离旋转中心的力,向心力则相反,它是使物体靠近旋转中心的力。物体的转动会产生离心力,但不会产生向心力。为了维持转动,需要通过别的方式来提供向心力。对于天体,向心力是由万有引力提供的;对于牛仔手中的绳套,向心力是牛仔的手对绳子的拉力。

我们把太阳的质量定为一个标准单位,叫做"一个太阳质量"。有些恒星的质量相当于几百个太阳质量,也有一些恒星的质量小于一个太阳质量。太阳和与其类似的恒星属于矮星,太阳是矮星中的黄矮星,此外的其他恒星则可被归于超巨星、巨星、亚巨星或亚矮星等。

恒星的质量和密度不仅决定了恒星的大小和亮度,还决定了恒星的"寿命"。恒星上发生的核反应叫做核聚变,它的作用是把恒星中的氢转变成氦,同时释放出大量能量。当有一天,能量耗尽了,恒星也就熄灭了。

世界真奇妙

在恒星的能量耗尽后,它们通常会变成中子星。中子星的密度极大,产生的引力也极大。那些质量很大的中子星能够把光线都吸引过去,这就形成了神奇的黑洞。这些黑洞像星系里的一张大口,不断吞噬着它周围的天体。

恒星的死亡

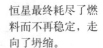
恒星最终耗尽了燃料而不再稳定,走向了坍缩。

恒星发出的光线向各个方向射出。

随着恒星的收缩,靠近恒星表面的光线被引力拉了回来。

恒星的吸引力更加强大,只有从特殊角度发射的光线才能逃逸出来。其余角度发射的光线还没发出,就被恒星吸收了。

恒星进一步收缩,所有光线都被吸引回去。

最后,恒星发不出任何光线,奇妙的黑洞便诞生了。

天 体

在我们的宇宙中存在着一场力与力的战斗。战斗的一方是万有引力，它试图把所有的物质都吸引到一点；战斗的另一方是原子间和分子间的排斥力，它极力阻碍原子或分子彼此靠得太近。战斗导致的后果是宇宙中的物质聚集成一个个的球，在球的旋转过程中，战斗仍然在继续。万有引力成了旋转的向心力，而粒子间的排斥力则成为离心力的一部分。正是在这场战斗的作用下，星云变戏法一样成为一系列旋转的天体，这些天体包括恒星、行星、卫星和彗星。

恒星是一个非常大的气态球，主要成分是氢和氦。恒星中的氢不断地转化为氦，在转化过程中产生大量的能量，这些能量以电磁辐射的形式释放出来，这便是恒星发出来的光和热。

行星通常是一个固态球体，不过有一些行星的表面被气态或液态物质包围着。行星围绕着恒星转动。卫星和行星类似，但卫星围绕着行星转动，而且卫星上的液态和气态物质一般要比行星上少。

彗星主要是由冰和尘埃组成。当彗星的轨道靠近恒星时，在恒星太阳风的作用下，彗星的表面会蒸发，产生很多小碎片，这些碎片在远离恒星的方向上形成一条长长的尾巴。太阳系中还散布着很多小行星和流星体，流星体是一些形状不规则的矿物质。一些流星体闯入地球的大气层，就成了我们看到的流星，流星落在地上的残留物就成了陨星。

由近地小行星追踪计划发现的彗星
彗星疾驶在宇宙中，它是由冰块和碎片组成的球。

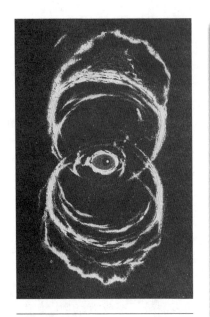

沙漏星云（上图）
这个美丽的星云看起来像是两个球相交在一起。

射手座星云
星云是物质形成的一个不规则的云团。

第三章
我们的太阳系

太 阳

太阳的直径为 140 万千米，其中心温度高达 $1.5 \times 10^7 °C$，表面的温度也在 5 500°C 左右。

太阳的能量来自核聚变，在这一过程中，氢转化成氦。这个反应最初需要恒星内部的高温来催发，这个高温来自引力对恒星内部的压力，一旦反应开始，它就会自己进行下去。太阳已经燃烧了差不多 47 亿年，太阳上仍然有着充足的燃料。太阳的成分中，70% 是氢，29% 是氦，剩下的 1% 主要是氧和碳。

如果把太阳剖开，我们能够看到太阳从内到外可以分为六层。最中心的部分叫做核心，核聚变就是在那里进行的。

太阳是如何形成的
在引力作用下，太阳内部产生了巨大的压力，这个压力促成了太阳的核聚变反应。

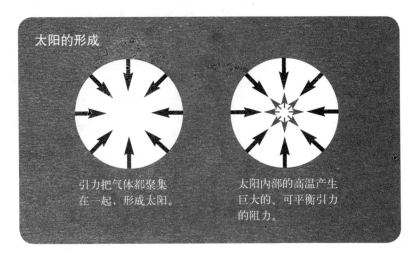

太阳的形成

引力把气体都聚集在一起，形成太阳。

太阳内部的高温产生巨大的、可平衡引力的阻力。

太阳的内部

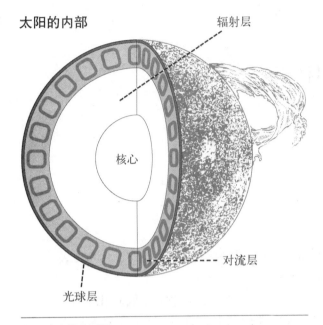

辐射层

核心

对流层

光球层

太阳的结构（上图）

从外到内依次为：光球层、对流层、辐射层和核心。

核心外面包围一层厚厚的辐射层，辐射层再往外是薄一些的对流层，对流层里的物质在不断地流动。

对流层外有两层很薄的大气层，较里一层叫做光球层，太阳的光就是光球层发出的；较外一层叫做色球层，使太阳呈现出黄色，色球层的温度自外向内降低。太阳最外面还有一层日冕，日冕可以看做太阳的外大气层。日冕里面主要是太阳以电磁辐射形式释放的能量，含有大量的X射线。日冕的形状会发生周期性改变，但在地球上，用肉眼是看不到的，除非发生了日全食。

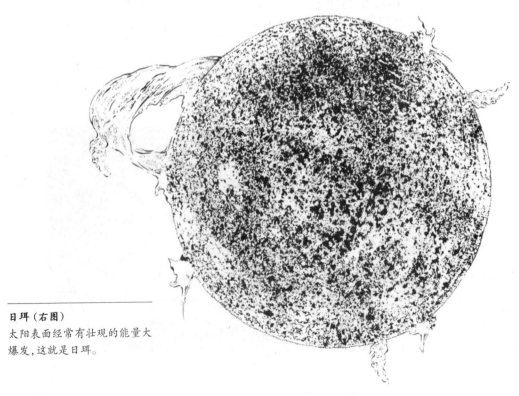

日珥（右图）

太阳表面经常有壮观的能量大爆发，这就是日珥。

太阳系

　　太阳系里一共有八大行星，按照离太阳的距离，从近到远依次是水星、金星、地球、火星、木星、土星、天王星、海王星。

　　合适的条件下，地球上可以用肉眼看见的行星有水星、金星、火星、木星和土星。因此，早在古代，人们就已经发现了这些行星。另外三个行星离我们太远，直到人们发明并改良了望远镜，才通过望远镜的帮助发现了它们。天王星是英国天文学家威廉·赫歇尔在1781年发现的。1800年，法国人拉朗德其实就已经观察到了海王星；但直到1846年，德国天文学家伽勒才让海王星正式成为行星家族中的一员。

　　简单说来，太阳系就是太阳以及那些围绕着太阳转动的天体。宇宙中像太阳系这样的恒星系还有几万、几亿个。

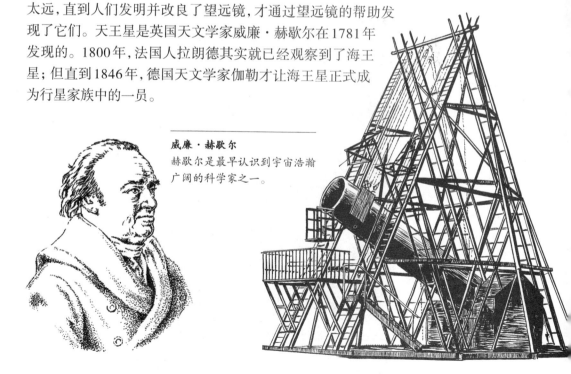

威廉·赫歇尔
赫歇尔是最早认识到宇宙浩瀚广阔的科学家之一。

太阳系的八大行星

水星

金星

地球

火星

木星

土星

天王星

海王星

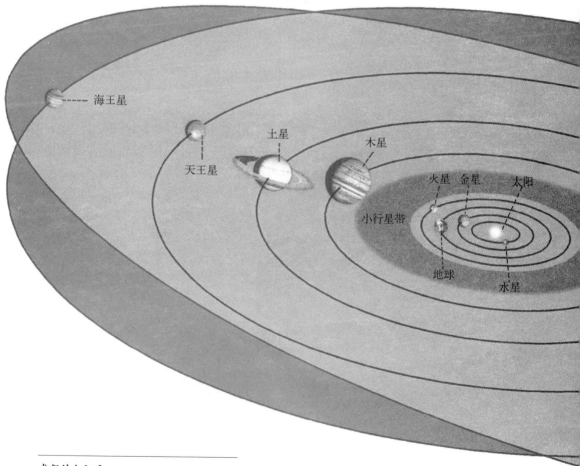

我们的太阳系
包括地球在内，太阳系一共有八大行星。

行　星

水星——第一个行星

水星（Mercury）命名自古罗马神话中掌管通信的神。在夜空中，可以偶尔看到水星在闪烁。水星外层是由硅酸盐岩石构成的硬壳，而它的内部主要由铁构成。水星上有一层稀薄的大气，主要成分是氩和氦。

金星——第二个行星

金星（Venus）是以古罗马神话中爱神的名字命名的，它在晴朗的夜空中明亮地闪耀。它的大气层中含有大量的二氧化碳，这些高浓度的二氧化碳能大量吸收太阳辐射，金星上的大气压是地球的90倍。金星表面的温度也很高，能够达到480℃。

知识窗

水星是太阳系里最小的行星，它的表面积相当于非洲和亚洲的面积之和。

火星——第四个行星

火星（Mars）命名自古罗马神话中的战神。之所以这么称呼它，是因为火星看起来像一团红色的火焰，这是由于火星的地壳中含有大量的铁氧化物。长期以来，人们认为，八大行星中，火星上最可能有生命的存在，因为火星上含有水，不过这些水都结成了大冰块。火星上的大气也同时含有氧气和二氧化碳，不过它们非常稀薄。火星上的大气压还不到地球的1%。人类很有可能在21世纪登上火星。

木星——第五个行星

木星（Jupiter）命名自古罗马神话中神格最高的神朱庇特，木星本身也非常巨大，而且它还有很多卫星。木星有时可以在地球上看得非常清楚。公元4世纪，一位中国天文学家甚至用肉眼观察到了木星周围的大卫星。氢和氦的混合气体构成了木星的大气层，木星的大气活动非常剧烈。在木星的大气层下面，是液态的氢形成的海洋。

知识窗

我们想象一个人绕着地球匀速慢跑，他的速度是9千米/小时。照此速度，他需要173天才能绕地球一周；而如果他在木星这个太阳系最大的行星上跑的话，五年时间都未必能跑完。

土星——第六个行星

土星(Saturn)命名自古罗马神话中掌管农业的神,他是朱庇特的父亲。土星几乎完全由氢构成,是八大行星里唯一一个密度比水小的行星。土星周围有一个很漂亮的环。1610年,意大利科学家伽利略通过望远镜观察到土星,他是第一个发现土星环状结构的人。

天王星——第七个行星

天王星(Uranus)的名字来自古希腊神话里第一个主宰宇宙的神。在1781年天王星被发现时,人们认为这是太阳系最外端的行星了,所以给它取了一个这样的名字。很多年来,天王星被误认为是一颗恒星,直到威廉·赫歇尔通过望远镜发现天王星只不过是在反射太阳光而已。

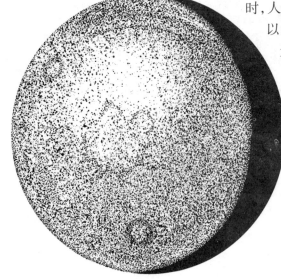

知识窗

地球环绕太阳一周的时间为365天,这就是地球的公转周期。

海王星——第八个行星

　　海王星（Neptune）命名自古罗马神话中的海神，这是因为海王星表面为蓝绿色，让人联想到海洋。人们首先根据计算预测出海王星的位置，然后才根据预测发现了海王星。当海王星和天王星运行得很近时，海王星的引力会对天王星产生干扰。人们正是依此计算出了海王星的位置。

第四章

地 球

地 球

> 地球是距离太阳第三近的行星。按照大小排列，八大行星中，地球排在第五位。

地球围绕着太阳转动，叫做公转。地球公转时，与太阳的平均距离为1.496亿千米，公转轨道的直径是12 742千米，周长约4万千米。地球公转一周的时间为365.333天，我们称这一周期为恒星年。它和日历上的年有一点不同，每隔四年我们便在日历上多加一天，因此有时一年会有366天，称为闰年。地球还会绕着它的一根轴转动，即自转，地球自转一周的时间为一天。

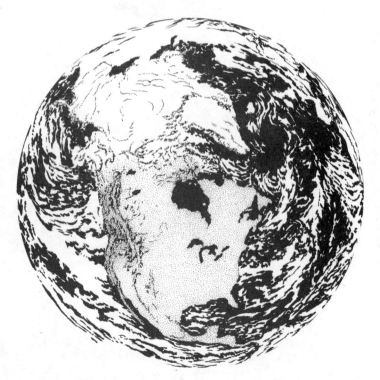

地球
在目前我们知道的星球里，地球是唯一一个适合生命居住的星球。

地球的赤道面和公转的轨道平面（黄道面）之间有23.4°的夹角（即黄赤交角），由于这个夹角的作用，夏至到冬至之间的六个月，地球相对于太阳的倾斜角度会改变46.8°（2×23.4°）。这个倾斜角度很重要，因为阳光在到达地面之前需要先穿过一定厚度的大气层，大气会损耗阳光携带的能量，所以倾斜角度的变化带来了地球上的四季交替。这个倾斜角度也让地球的两极能够得到阳光的照耀。在一年中，南极和北极分别能享受六个月的温暖阳光。

地球最为与众不同的地方在于，它是生命的摇篮。在宇宙中，我们目前只知道地球上有生命。生命的存在需要很多条件，只有地球同时具备这些条件。其中最重要的是地球与太阳之间的距离适宜，这个距离使得地球表面的温度恰好在水的熔点附近轻微变动。地球上的最低温度为−50℃，最高温度为76℃，平均温度为13℃，正适合生命存活。

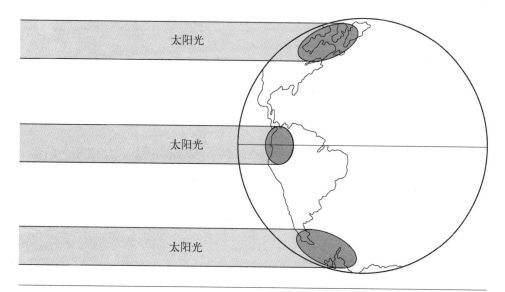

太阳光

阳光到达地面前要经过大气层，当阳光垂直照射时，它在大气层中通过的距离最短。

你知道吗?

生命的存在必须依赖液态的水，对动物和植物来说，营养物质要靠水来输送。地球的表面有70%被水覆盖，在动物和植物体内，水的比重更是高达95%。

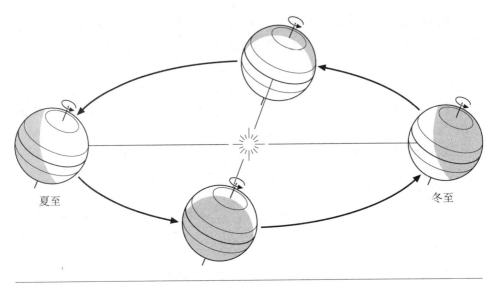

公转轨道

地球在夏至日朝向太阳倾斜23.4°，六个月后，在冬至日背向太阳倾斜23.4°。

夏至

冬至

月　球

月球的体积只有地球的1/5，它在距离地球384 402千米的地方围绕地球公转，公转的周期为29.53天，我们称其为朔望月。月球也进行着自转，它自转的速度和公转的速度完全一样，因此在地球上观察，月球似乎并不转动。它总是用它的一面对着我们，让我们无法看到它的另一面，我们称无法看到的一面为月之暗面，不过这个所谓的暗面接收的阳光实际上并不比亮面少。

月球是地球唯一的天然卫星。

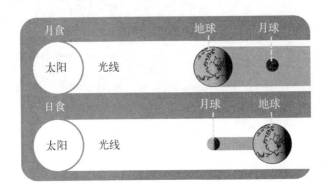

月食
太阳　光线　地球　月球

日食
太阳　光线　月球　地球

月食和日食

当太阳光被挡住时，就会发生月食或日食。

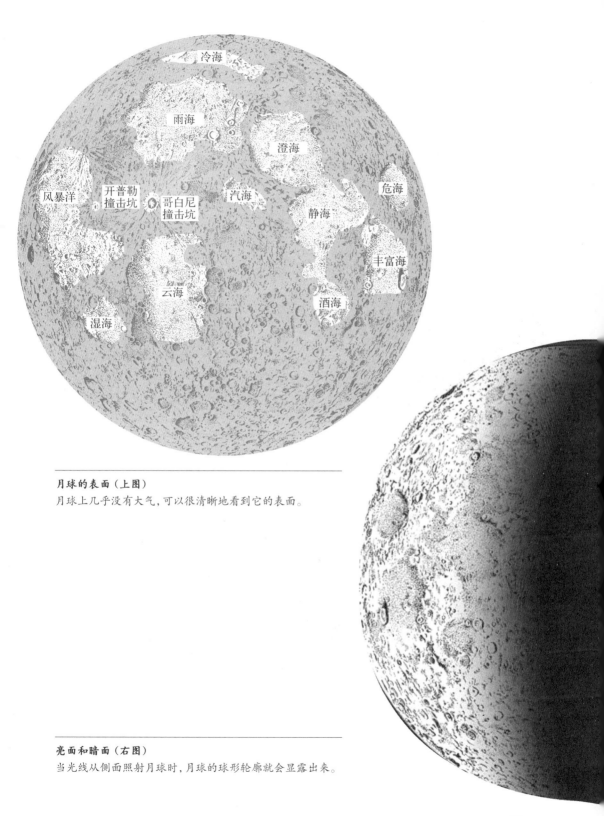

冷海

雨海

澄海

风暴洋　开普勒撞击坑　汽海　危海

哥白尼撞击坑　静海

丰富海

云海

酒海

湿海

月球的表面（上图）

月球上几乎没有大气，可以很清晰地看到它的表面。

亮面和暗面（右图）

当光线从侧面照射月球时，月球的球形轮廓就会显露出来。

29

除了太阳,天空中就数月球最亮了。但其实月球并不会发光,它只是反射太阳光,这一点月球跟太阳系里的其他行星和卫星一样。我们看到的月球的样子与月亮和太阳的相对位置有关,因此随着月球的公转,月球会出现阴晴圆缺的变化。

月球的圆缺变化叫做月相。月亮从新月(全黑)开始到满月(全亮),然后再到新月,这便是月相的一个周期。在一些时候,月球上黑暗的部分也能够被看到,这是因为地球也能反射太阳光,这种现象叫做地球反照。

知识窗

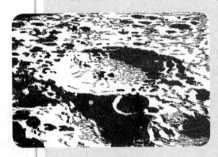

月球是一个固态星球,主要由岩浆岩构成,含有硅以及铁、铝、钙、钛和镁等金属氧化物。月球表面的大气非常稀薄,跟真空差不了多少,因此月球上一点风都没有,月球上的环形山也得以保存几百万年之久,那都是月球遭受陨石撞击的痕迹。月球表面的温度最低为-170℃,最高为110℃,月球的两极有冰的存在。

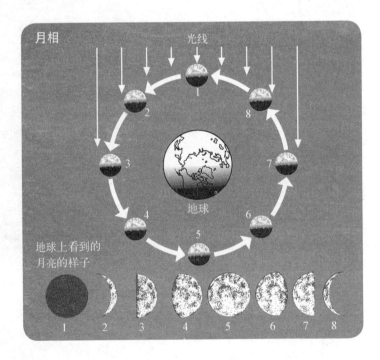

月相　光线

地球

地球上看到的月亮的样子

1　2　3　4　5　6　7　8

一个朔望月
月亮围绕地球旋转一周的时间为29.53天。

地球的核式结构

      内地核是一个固态球体,它的半径大约为 1 400 千米,地球的磁场就是那里产生的。人们研究了一些岩石的磁性,发现有些岩层的磁性与其他岩层的磁性相反,因此人们推测地核某些情况下会在地球内转动。内地核的外面包围着外地核,由熔化的铁和镍构成,约 2 000 千米厚。外地核被地幔包围着,地幔厚度大约为 3 000 千米。地幔又可分为两层,下层为固态,上层为半固态。

> 地球的内部可以分为不同的层,最里面的一层叫做内地核,它由固态的铁和镍构成。

再往上就是地壳,地壳由固态岩石构成,是薄薄的一层。地壳的厚度不均,海洋部分的地壳比较薄,平均为 6.4 千米;陆地部分的地壳比较厚,平均为 40 千米。

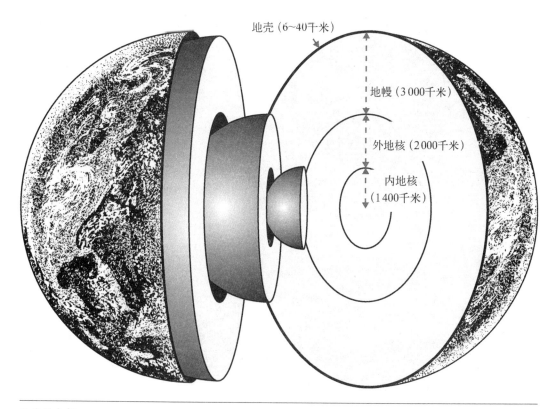

地球的内部
如果我们把地球切开,地球的内部会是图中这个样子。

在地壳和上层地幔之间是一个岩浆层，称为莫霍界面。这一层的岩浆可以流动，大陆在这些岩浆上面非常缓慢地朝着某个方向移动，这就是板块漂移。岩浆的温度大约在1 100℃，岩浆喷发出地表形成熔岩，熔岩冷却后又固化成岩石。这个过程不断继续，熔岩不断冷却便形成了火山。在外地核和地幔之间还有一个断面，叫做古登堡界面，有了这个断面，地核才能在地球内部活动。

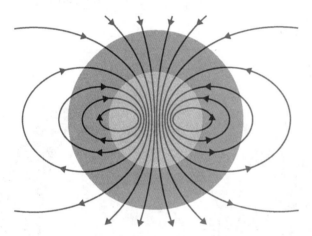

磁场（左图）
地球的大铁核产生了磁场。

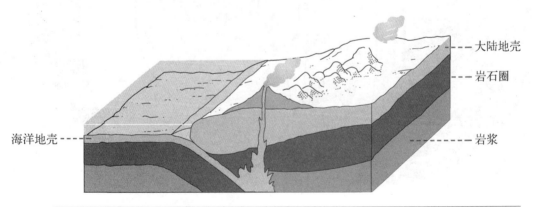

地壳
地壳是漂浮在岩浆上的一层岩石圈。

海洋地壳

大陆地壳

岩石圈

岩浆

元素和化合物

不同元素的原子,其性质有很大不同,这是由于它们的亚原子粒子分布不一样。目前已经发现的元素共有118种,其中有24种不是地球上的天然元素。自然界中有不少元素以单质形式出现,不过更多的元素是和其他元素结合在一起形成化合物。一种化合物可以由两种、三种甚至更多的元素组成,因此可能的组合是非常非常多的。

宇宙中的物质便是由这些为数众多的元素和化合物组成。理论物理学认为,每一种物质都对应着它的反物质,就好像照镜子时镜子里的影像,大小一样,左右相反,物质与它的反物质所带的电荷也相反。不过这样的反物质在我们生活的世界中是不存在的。自然界的元素和化合物以三种形态存在,分别是固态、液态和气态。不同元素和化合物的熔点和沸点也不一样,所以我们周围的物质处于各种状态的都有。水就是一个很好的例子,摄氏温度就是依据水的性质制定的。1742年,瑞典科学家摄尔修斯提出,把水的冰点和沸点之间的温度分成100等份,每一份代表1℃,把水的冰点定为0℃,于是水的沸点便是100℃。水在0℃以下成为固态(冰),在0℃~100℃之间为液态(水),在100℃以上为气态(水蒸气)。

水蒸气

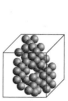
水

冰

物态变化(右图)
不同的温度下,水的形态也不同。

原子是宇宙构成的基本单位,原子本身又是由亚原子粒子组成的,亚原子粒子有电子、质子和中子。

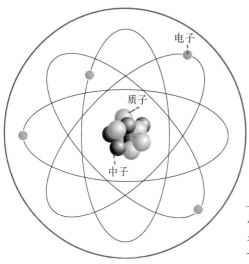

电子

质子

中子

原子(左图)
亚原子粒子:电子、质子和中子

其他的物质也和水一样，随着温度的不同，在三种形态之间转化。这为自然界中的元素和化合物发生化学反应创造了良好条件。从地球诞生之日起，陆地、海洋和大气中就不断地进行着各种化学反应，最终生成了生命的基本物质——有机化合物。

原子的排列

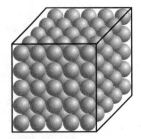 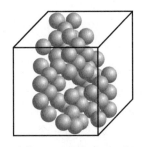 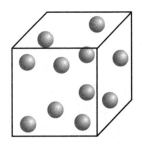

固体：原子或分子紧靠在一起。

液体：原子或分子可以紧挨着任意移动。

气体：原子或分子可以自由运动，彼此独立。

地球
我们周围有各种各样的固体、液体和气体。

地质运动

从43亿年前地壳形成开始,地质运动就在它的上层日夜不息地进行着。有些地质运动是全球范围的,比如水循环和板块运动;另一些地质运动的作用范围相对小一些,比如河流、风、冰川、地下水和潮汐。在这两类地质运动的作用下,地壳的变化永不停息。不过在我们眼里这种变化不太明显,要么是因为这些变化太慢了,要么是因为这些变化的区域太大了,而我们难以察觉。

在现代科学诞生以前,人们认为世界是静止不动的,世界在神的力量下被创造出来,之后就不会再发生变化。经过科学家的探索和发现,这种错误的观点被推翻了。科学家在岩石中发现了大量的化石,这里面有动物化石和植物化石。有些化石里的动物和植物根本不可能生活在发现化石的环境里,这便表明陆地和海洋都有过运动,它们都是证明地壳运动的有力证据。通过化石,科学家还可以了解地球经历过的气候,比如大冰期发生的时间。在西伯利亚地区发现过一个猛犸象化石,这个化石告诉我们地球的上一次冰期就发生在十数万年前。

> 地质运动不断地改变着地球上的环境,这种变化日夜不息、周而复始。

大陆漂移
有很多证据表明,在漫长的时间里,大陆曾有过漂移,这些证据包括大陆的形状、岩石的结构以及各类化石。

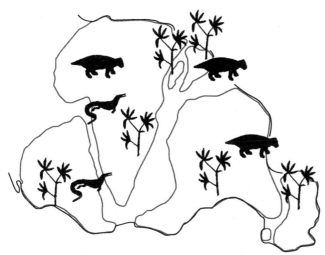

公元前5000年 　　　　　现在

撒哈拉的气候
在几千年的时间里，由于人类的活动和气候的变化，撒哈拉沙漠变大了。

知识窗

　　1972年，英国科学家詹姆斯·拉夫洛克提出了"盖亚假说"（Gaia Hypothesis），"盖亚"是古希腊神话中的大地之神。这一假说认为，地球的生物圈，也就是地球上有生命活动的区域，能够像生物个体一样自我调节，维持一个适宜的环境，以利于生命的生存和发展。这也许是一个显而易见的结论，但它的意义却十分重大，它指出人类有责任保护环境，例如我们应该防止全球变暖。

得克萨斯鱼
水生动物的化石表明，有些地方在几百万年以前曾经是海洋。

大陆漂移说

1912年，德国天文学家阿尔弗雷德·魏格纳提出，地球上的陆地原本是一整块，经过漫长的漂移才成为今天这个样子。他的想法在1929年得到了英国地理学家亚瑟·霍尔姆斯的支持。1937年，南非地理学家托伊特也公开支持魏格纳的学说。但他们都没有找到足够的科学证据来证明这一理论。直到19世纪50年代，通过测量岩石的磁场，科学家终于证实了魏格纳的猜想。

岩石的磁场能够证明，现在的多块大陆在很久以前是连在一起的。除了岩石的磁场，岩石的种类以及化石都是这一理论的有力证据。根据岩石的种类和化石中的动植物分布，我们可以把这些大陆拼在一起。而且根据对不同时期的化石进行分析，我们还可以知道哪些大陆曾经分开之后又重新合并在一起。更有趣的是，从形状上看，这些大陆简直就是一个大拼图。不过因为大陆的海岸线受过侵蚀，这个拼图有一些年头了，但它们还是能很好地拼成一整块大陆。

魏格纳把这一整块的大陆称为泛大陆，把包围着它的海洋称为泛大洋。现在的大陆漂移说认为，在距今2亿年前，泛大陆分成了两块，北边的一块叫做劳亚古陆，南边的一块叫做冈瓦纳古陆；后来，劳亚古陆分成了现在的北美洲和亚欧大陆，而冈瓦纳古陆则分成了现在的南美洲、非洲、澳大利亚、印度和南极洲。

第一个尝试以科学方法解释大陆运动的地质学家是美国人泰勒。他在1908年就提出地球最初有南北两块大陆，它们的碰撞形成了现在的大陆。但科学界不愿接受他这种没有证据支持的理论。

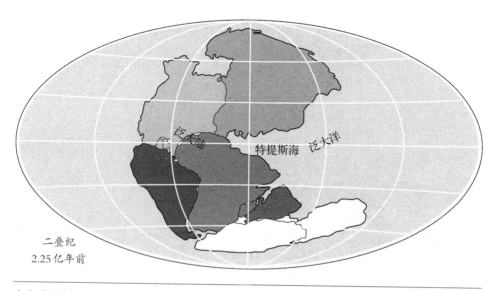

二叠纪
2.25亿年前

古老的地球
远古的地球上只有一块大陆，这块大陆被泛大洋包围。

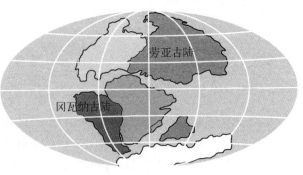

三叠纪
2.1 亿年前

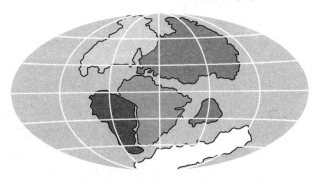

侏罗纪
1.5 亿年前

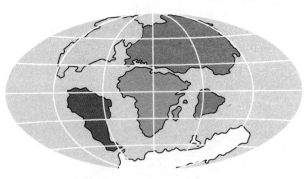

白垩纪
6 500 万年前

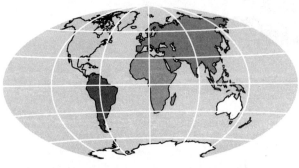

现在

第五章
地质构造

地　壳

岩石圈包括地壳及上地幔的顶部,其下层为岩浆层(软流圈),岩浆层里的岩浆不停地进行对流运动,这便是地壳运动的动力源泉。地壳的成分主要是一层冷却的岩浆(火成岩),地壳并不是完整的一大块,而是由几个大板块一块一块地拼在一起,就像一个足球的表面,是把一块一块的皮革缝在了一起。由于岩浆的对流运动,岩浆有时从板块的缝隙中挤出来,这些岩浆冷却后形成新的岩石,而它周围的岩石就被挤向两边;在另一些缝隙里,岩石被岩浆熔化掉,四周的岩石就被拉过来填补空缺。正是这个过程使地壳板块缓慢移动。

地壳运动
地壳下方的岩浆对流产生的作用力,这使得板块不停地运动和变形。

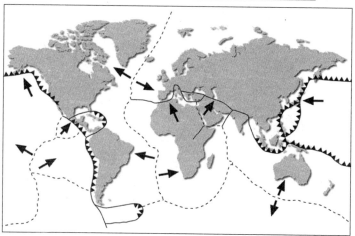

在1912年阿尔弗雷德·魏格纳提出大陆漂移说的时候，连他自己也不清楚大陆为什么漂移、大陆怎样漂移。随着科学技术的发展，到了20世纪60年代，一方面，人们已经可以很精确地测量地球上任意两点的距离，误差不到1厘米，通过测量，科学家发现有些大陆之间每年远离几厘米，而有些大陆之间每年靠近几厘米；另一方面，人们对裂谷、断层、地震和火山等现象有了更深刻的了解，意识到这些现象恰恰是大陆漂移的表现。因此，现在人们已经建立起一个比较科学的模型，用来描述大陆漂移现象。

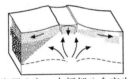 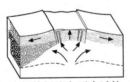 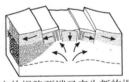

当岩层分离，中间部分会产生塌陷。中间的塌陷向两边延伸。在原来的塌陷两端又产生新的塌陷。

地壳的生长过程
这个过程可以分为三个阶段。

裂谷
东非大裂谷，它是由于地壳的开裂形成的。

陆地和海洋

地球上原本只有一块大陆，叫做泛大陆，后来这块大陆被它东面的特提斯海拦腰截断，分成了两块大陆：劳亚古陆和冈瓦纳古陆。这两块大陆继续分裂和漂移，甚至分裂出一些岛屿。现在地球上的陆地面积占地球总面积的30%左右，这个比重比泛大陆占的要小，当年泛大陆的面积大约是地球总面积的40%。陆地面积减少的原因，一方面是因为大陆的海岸线受到侵蚀，另一方面是因为大陆之间由于碰撞而变得隆起。而火山喷发，还会产生很多新的岛屿。最大的火山岛是冰岛，位于北大西洋。不过，大多数的火山岛都分散在印度洋和太平洋上。在地壳运动的作用下，新的地壳不断产生，但由于产生新地壳的地方全都在海底，所以这并未增加陆地的面积。

我们把陆地分为七大洲，分别是亚洲、非洲、北美洲、南美洲、南极洲、欧洲、大洋洲。地球上还有数以千计的岛屿，有些岛屿比较大，比如马达加斯加岛、格陵兰岛、新西兰岛、婆罗洲岛、日本岛、苏门答腊岛、古巴岛和爪哇岛；还有很多非常小的岛屿，这些岛屿有的成群聚在一起，形成群岛，比如科隆群岛、密克罗尼西亚群岛、菲律宾群岛和巴哈马群岛。

> 虽然地球上的大陆分散在各个地方，但很久以前它们却是连在一起的，那块超级大的陆地叫做泛大陆。它被一个超级大的海洋环绕，叫做泛大洋。

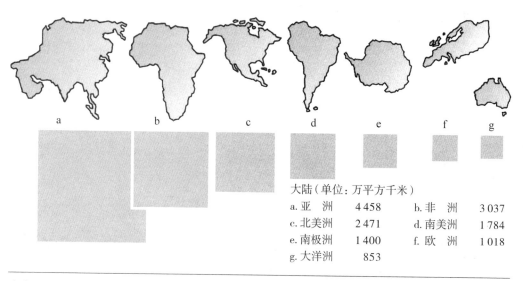

大陆（单位：万平方千米）

a.亚 洲	4 458	b.非 洲	3 037
c.北美洲	2 471	d.南美洲	1 784
e.南极洲	1 400	f.欧 洲	1 018
g.大洋洲	853		

陆地
上面列出了七大洲的形状，但图像的大小并不成比例。陆地面积在右边列出，图像下面的方块大致呈现了每个洲的面积大小关系。

地球上有四个大洋：太平洋、大西洋、印度洋和北冰洋。南冰洋，实际上是由大西洋、太平洋和印度洋的南端部分构成的。有一些面积较小的水域，它们部分或者全部被陆地包围，叫做海或海湾，如地中海、加勒比海、东海、日本海、墨西哥湾、加利福尼亚湾、北海、红海和黑海。在被陆地完全包围的水域中，里海的面积最大，约有37.1万平方千米。

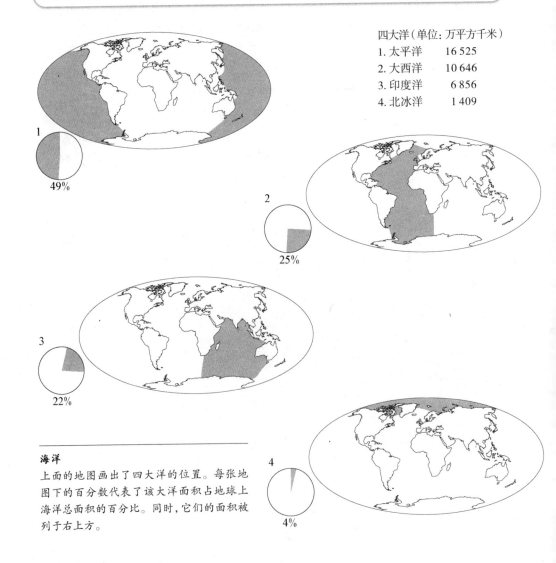

四大洋（单位：万平方千米）

1. 太平洋	16 525
2. 大西洋	10 646
3. 印度洋	6 856
4. 北冰洋	1 409

1

49%

2

25%

3

22%

4

4%

海洋

上面的地图画出了四大洋的位置。每张地图下的百分数代表了该大洋面积占地球上海洋总面积的百分比。同时，它们的面积被列于右上方。

山　脉

当两个板块相互挤压，在板块相交的地方就会形成山脉，有时还可能形成火山。地球上有很多山脉，除最高的喜马拉雅山脉，还有南美洲的安第斯山脉、北美洲的落基山脉、欧洲的阿尔卑斯山脉和比利牛斯山脉、欧亚分界的乌拉尔山脉以及西亚地区的扎格罗斯山脉等，这里只列出了一部分。

一部分山脉形成于大陆板块和大洋板块的碰撞。在大陆板块和大洋板块碰撞的地方会形成海沟，即俯冲带的一部分。由于大洋板块比大陆板块密度大，大洋板块会俯冲到大陆板块的下方，因而随着挤压，质量较轻的岩石熔化成岩浆。岩浆受到的压力非常大，如

当两个板块相互挤压时，它们交界的地方通常会向上产生褶皱，因而形成了山脉。喜马拉雅山脉就是这样形成的。

一个典型的山脉（上图）

在山脉的下方通常还埋有大量岩石，这些岩石的量与上方山脉相当，只不过我们看不到它们。

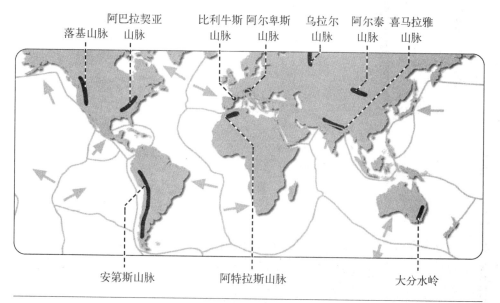

落基山脉　阿巴拉契亚山脉　比利牛斯山脉　阿尔卑斯山脉　乌拉尔山脉　阿尔泰山脉　喜马拉雅山脉

安第斯山脉　　阿特拉斯山脉　　大分水岭

断裂区（上图）

新产生的地壳使原来的板块互相挤压，从而形成山脉。

A. 茂纳凯亚火山（10 203 米）
B. 珠穆朗玛峰（8 844.43 米）

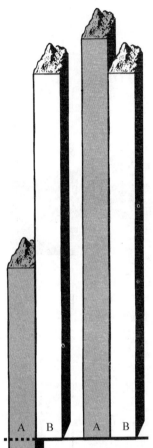

A B A B 海平面

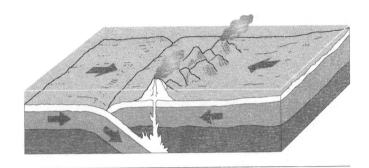

火山（上图）
板块的俯冲让岩浆的压力增大，岩浆由下而上从火山喷发。

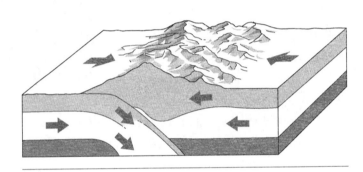

山脉（上图）
俯冲板块的一部分被大陆板块剥离隆起，形成山脉。

你知道吗？

　　并不是所有的山都在陆地上。在所有的大洋深处都有巨大的山脉，它们的大小完全不亚于陆地上最大的山脉。根据这些山脉的性质和位置，人们分别称它们为深海丘陵、海底山、中央裂谷和海底平顶山。它们是由火山喷发形成的，随着岩浆的不断涌出、冷却，在海底形成了山峰。在几百万年不间断的沉积作用下，这些山的绝大部分通常都被掩埋，只有山峰得以露出头来。

果穿出地壳喷发出来,就会形成火山。大洋板块的沉积物被大陆板块推起,与火山共同形成了北美洲西部和南美洲的山脉。

山脉的形成需要几百万年的时间,因为板块每年只会微微移动几厘米。山脉一旦形成,它就会成为侵蚀作用的对象,所以它们的外表看起来崎岖不平,布满了沟壑。如果我们研究山脉中的沉积岩,可以发现有趣的现象:在山脉形成之前,这些沉积岩原本是像纸张一样一层一层平整地叠放着,随着板块的挤压和变形,它们也被折叠和扭曲。

裂谷与扩张脊

大部分扩张脊都形成于海底,随着岩浆从地壳下涌出,两侧伴洋脊的裂谷由此产生。这些岩浆冷却后形成火成岩,由于是被海水冷却的,故称玄武岩。

裂谷更多形成于海底,因为海底地壳的平均厚度要比陆地地壳小,所以岩浆更容易穿过。如果裂谷在陆地上产生,那么裂谷中央比两侧要低,所以容易形成湖泊。在内陆,由于雨水会往低洼的地方流,这些湖泊里的水能够得到补充。如果裂谷发生在大陆边缘,裂谷可能一直开裂到海边,

> 在新地壳不断生成的过程中,新地壳的两边会对称地堆积岩层。随着岩层的不断堆积,裂谷和扩张脊就产生了。

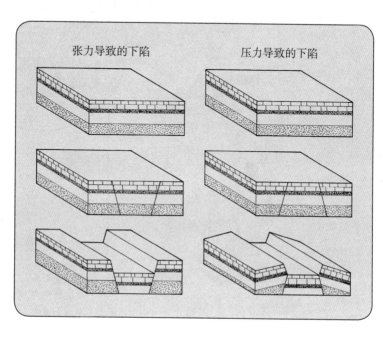

张力导致的下陷　　　压力导致的下陷

地表下陷
如果两边的地层分开,中间的地层就会下陷;如果两边的地层向中间挤压,中间的地层也会下陷。

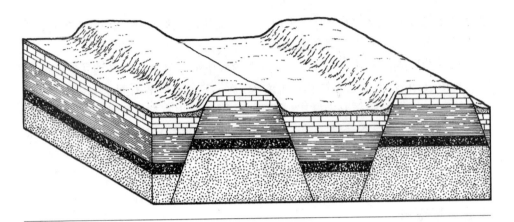

地表起伏

一系列地表凹陷就形成了起伏的地形。

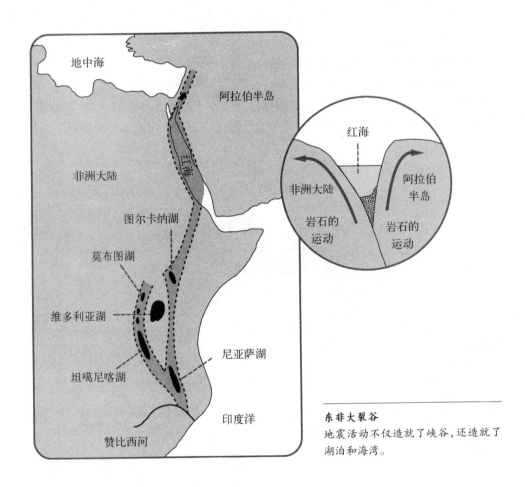

东非大裂谷

地震活动不仅造就了峡谷，还造就了湖泊和海湾。

形成海湾。

东非大裂谷就是一个内陆裂谷，位于非洲东部。东非大裂谷里有一些大的淡水湖和火山，包括乞力马扎罗山。火山的出现反映出该地区地质活动非常活跃。东非裂谷系是非洲—阿拉伯裂谷带的一部分，东非大裂谷一直向北延续到西亚地区，在非洲和阿拉伯半岛之间形成了一个陆间裂谷，这就是红海，红海通过亚丁湾与印度洋相连。

知识窗

在大西洋底有一条典型的大洋裂谷，几百万年来它一直在生产新的岩石。最开始裂谷还在陆地上，渐渐地，这条裂谷把它所在的大陆分裂开。大陆接着分离，又产生一个几千千米宽的海洋，这就是大西洋。现在大西洋还在变宽，以每年几厘米的速度将美洲大陆与亚欧大陆、与非洲大陆推离。

火　山

部分冷却的岩浆叫做熔岩。熔岩喷发出来会因火山气体起泡，冷却后有可能成为浮岩。如果岩浆里含有较多的硅，那么熔岩里的气泡会更多，冷却得也更快，以至于熔岩中的气体都来不及跑出来。这样的熔岩冷却后更轻，甚至能浮在水面上。

典型的火山又叫做安山质火山，岩浆里硅含量比较高。由于冷却过程较快，熔岩喷发出来后，没有流多远就冷却了，因此形成的火山坡度陡峭，呈圆锥形。火山每一次的爆发，熔岩和火山灰就会在火山的圆锥口上覆盖一层。当地底下积蓄的能量需要释放时，火山就会爆发，爆发的时候就像酒瓶的瓶盖被冲开一样，没有任何明显的征兆。

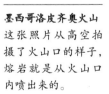

在地壳比较薄弱的地方，岩浆容易顺着裂缝喷发出地面，岩浆冷却后便形成了火山。玄武岩和安山岩都属于岩浆冷却后形成的火成岩。

墨西哥洛皮齐奥火山
这张照片从高空拍摄了火山口的样子，熔岩就是从火山口内喷出来的。

火山爆发时会喷出大量物质,包括温度相当高的气体、火山灰和熔岩块,这些物质混合在一起,称为火山碎屑流,其所到之处没有任何生物可以存活。这些物质被喷发出来后,熔岩顺着火山往下流,气体和烟尘则升上天空。

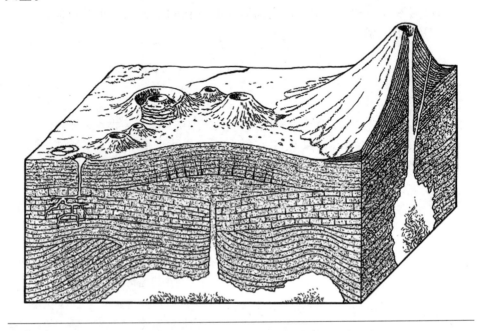

火山活动
由于主火山的喷发,附近的岩层松动并且产生裂纹,地下的岩浆顺着这些裂缝涌出来,形成了主火山周围的小火山。

知识窗

盾形火山的岩浆中硅含量比较少,流动性不好,火山呈半球形或盾形,因此被称为盾形火山。盾形火山通常在海底爆发,有些火山的顶部露出海面,会形成链状的岛屿。夏威夷群岛就属于盾形火山,夏威夷岛则是地球上最大的火山岛。

夏威夷

火山活动地区的地壳运动一般都比较剧烈，裂谷和扩张脊附近通常都有很多火山，这些火山往往沿着板块的交界处呈链状分布。分布在俯冲带附近的火山是典型的安山质火山，分布在裂谷周围的火山称为盾形火山。

熔岩表壳构造
熔岩到达地表后冷却，形成了一系列有趣的形状。

地震和海啸

当板块受制于大陆漂移而不断移动，它们最终会达到一种状态——它们需要调整各自的位置以释放累加的压力。这种"释放"通常表现为断层处的压力和张力。然而对人类来说不幸的是，它总是毫无预警地突然发生，这就是地震——伴以一连串余震和微震。而与此同时，需要调整的地壳各部分板块会安顿在新的位置上。

扩张脊和裂谷主要引起板块间的纵向移动，让板块彼此挤压或拉伸；断层则主要引起板块间的横向移动，比如让一个板块沿着另一板块的边缘滑动。在这些地方最容易引起强烈的地震。

地震的强弱等级用里氏震级来表示，它是美国地理学家查尔斯·里克特提出的。里氏震级是用对数表示的，也就是说，在直接反映地震释放的能量时，某一级别的地震强度要比上一级的强度大30倍左右。具有破坏作用的地震在5.5级到9.5级之间，9.5级是我们记录到的最强震级。

地震对地形的改变很明显，它能使地表出现裂缝，裂缝两边的地层有可能发生错位。在地震的作用下，一块原本平整的地面可能被分裂成许多块，有些地块下陷,有些地块则被高高顶起,形成起伏不平的地形。如果发生在荒野,这种剧烈的地形变化只是改变一下自然环境而已;但如果发生在人们生活的地方,就会引起巨大的灾难。

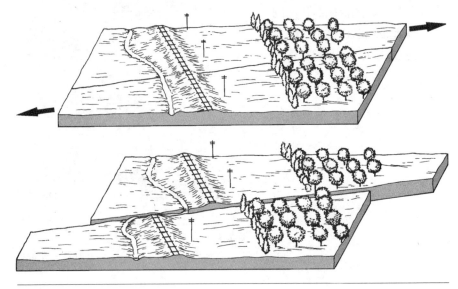

错位

两个岩层沿着断层滑动,形成很明显的错位。

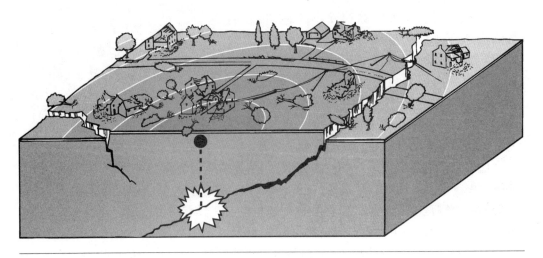

地震

地震危害最严重的地区往往不是震中。

如果地震发生在海底或离海较近的地方,就会引起海啸(在日本人们称为"港口浪")。水是不能被压缩的,所以海啸会携带着地震的能量传播,直到它将这些能量传递到岸上。在日本,经常有海啸发生,海岸上的很多建筑都被海啸摧毁。

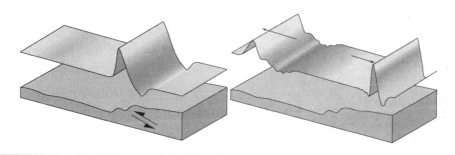

海啸

地壳的剧烈震动引发了海啸。

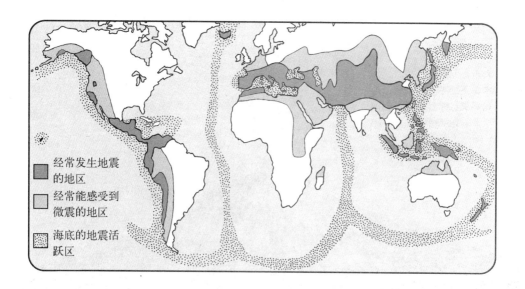

经常发生地震的地区

经常能感受到微震的地区

海底的地震活跃区

地震活跃区

地图上标示了地球上微震及地震比较频繁的区域。

火山岛

有些海底山不断生长，直长到冒出海面来，就形成了火山岛。我们知道太平洋能有几千米深，因此火山岛的形成是很不容易的事情。地球上最大的火山形成了夏威夷岛，它位于太平洋的中北部。这些由火山喷发产生的新的陆地是很宝贵的。虽然扩张脊在不断地生成新的地壳，但新生成的地壳一般都在海底，并不会增加陆地的面积。而另一方面，比较剧烈的火山爆发也能摧毁一些岛屿，比如1883年的一次火山爆发就让喀拉喀托岛消失在大海中。

不是所有的火山岛都是火山露出海面的山峰，比如位于北大西洋上的冰岛。它是由大西洋中部的扩张脊产生的，岩浆从扩张脊中央的裂缝中喷涌而出，形成了冰岛。之所以叫它"冰岛"，是因为它靠近北极，大部分地区都常年被冰雪覆盖。不过称它为"熔岩岛"可能更确切些，因为它几乎全部由岩浆岩构成，而且岛上的火山随时有可能爆发。

浮岩（上图）
熔岩冷却时内部的一些小气泡帮助形成能漂浮在水面上的浮岩。

火山岛（下图）
冰岛是世界上最大的火山岛，直到今天，岛上还有典型的火山、热泉和地热喷泉。

知识窗

　　火山岛的形成过程中有一个非常有趣的现象：同一个火山喷发点往往能产生好几座火山岛，这些火山岛连在一起，像海洋上的一条项链。这是因为引起火山喷发的热源位于板块下方，由于板块的运动，海洋下方的地壳也随着移动。但热源是不动的，如果它再一次爆发，就会在原来形成的火山附近形成一个新的火山。夏威夷群岛就是这样形成的，夏威夷岛是在最近一次的火山爆发中形成的，其余的岛屿在它的西北方向排成一列，距夏威夷岛越远的岛屿，其生成的年代也越久远。

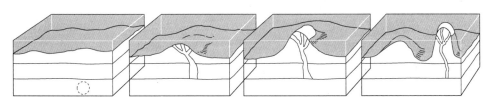

1. 一个热源在对流作用下向上推进。

2. 喷发出来的岩浆形成了一座海底山。

3. 这座山越过海平面形成了岛屿。

4. 随着地壳的运动，一个新的火山岛形成。

火山岛的形成

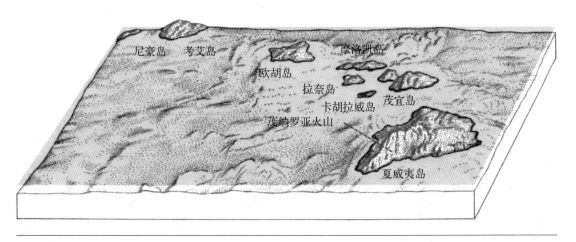

夏威夷群岛

在夏威夷群岛中，目前只有夏威夷岛上还有火山活动，夏威夷岛是由地球上最大的火山茂纳罗亚火山形成的。

冲积平原和三角洲

在侵蚀作用下,构成山脉的岩石会分裂成小块。当岩石的碎块足够小时,就可能会被河流带到下游去,这叫做搬运作用。

当河流中的水流动速度变慢的时候,河水携带水中颗粒物的能力减弱,沉积过程就此开始。流动速度越慢的河流能够携带的泥沙颗粒越少,因此沙砾最先沉积下来,接着是细泥沙,最后是泥浆。

如果在一个开阔的地区内有一条大河流过,当河流的上游地区下大雨时,大量的雨水会汇集到河流中,导致这个开阔的地区会不时被洪水淹没。由于上游的河水能够携带大量的泥沙,这些泥沙就沉积在这个开阔的地区。慢慢地,这些泥沙越积越多,一个平坦的冲积平原就形成了。

河流最终汇入海洋的地方叫做入海口,这个地方经常会形成冲积平原,因为河流在这里最宽,流速也最慢。河流中的泥沙不断地在入海口沉积,形成的冲积平原超过原来的陆地,延伸到海洋中。因为它们的形状像三角形,我们便叫它为三角洲。河流就是这样,一点一点地移山填海,经过非常非常久的时间,在入海口形成新的陆地。

三角洲地貌
河流能形成广阔的新陆地,叫做三角洲。

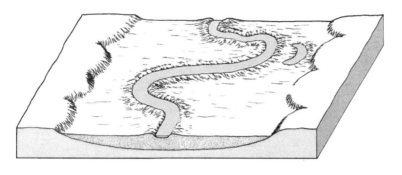

冲积平原

在河流形成冲积平原的过程中，水流的速度越来越慢，河流也变得越来越弯曲。

你知道吗？

　　三角洲的形状不一定是三角形，因为海浪和洋流会冲刷河流沉积的泥沙，导致冲积平原的形状很不规则。密西西比河的三角洲看起来像鸟的爪，因为密西西比河在入海口有很多分叉，冲积平原又受到海浪的侵蚀，所以三角洲的轮廓很凌乱、不对称。然而尼罗河的三角洲却是一个很规则的三角形，而且非常对称，这是因为地中海的海水比较平静，没有太大的风浪。

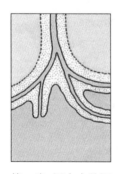

第一步，河水中的沉积物像一个个伸出的手指。

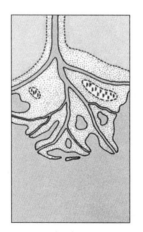

第二步，潟湖和盐碱滩渐渐形成。

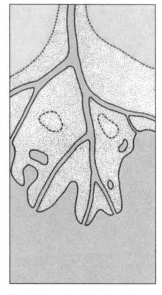

第三步，三角洲成为足够"干燥的土地"。

三角洲的形成

断　层

第一类断层产生在两个互相分离的板块边界，主要分布在海下，正是扩张脊形成新的地壳的地方。断层的方向大致和板块边界的方向垂直，也就是说板块边界被这些断层截成很多段，这意味着板块在运动的时候可以一块一块地分别移动，而不用整块一起动。有少数第一类断层一直延伸到陆地，比如美国的加利福尼亚州就是第一类断层与陆地相连的地方。这个地区的大地震如此频繁，原因就在于这里的板块容易沿着断层移动。

第二类断层也产生在板块的边界附近，不过这些边界不是很明显，如果把地壳看成是几块破碎的玻璃，那这些地方只是玻璃上的一些裂纹。

> 断层是两个岩层之间的断裂平面，两个岩层沿着断层各自独立移动。断层的规模有的很小，有的很大，我们一般将断层分为三类：第一类断层、第二类断层和第三类断层。它们都是由于板块运动造成的。

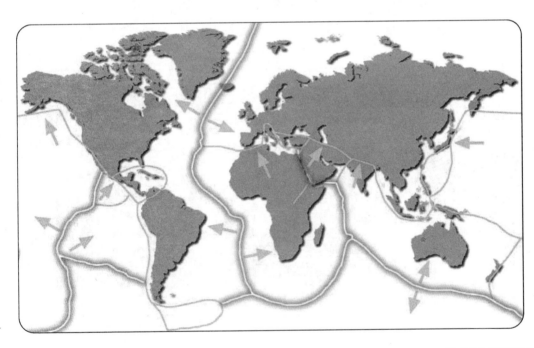

分离板块边界

断层线
第一类断层沿着板块的边界呈放射状分布。

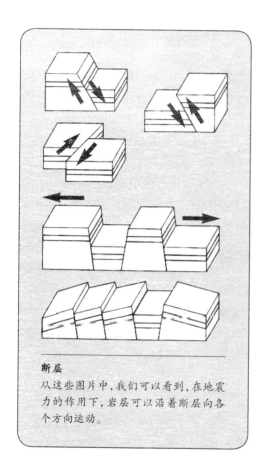

断层

从这些图片中，我们可以看到，在地震力的作用下，岩层可以沿着断层向各个方向运动。

知识窗

　　第三类断层能够释放地壳运动的能量，减少地震的发生。断层还使得岩石暴露在外，侵蚀作用能够更快地将这些岩石变成碎块。

　　由于亚欧板块和非洲板块之间的相对运动，在欧洲东南部地区和西亚地区产生了一系列第二类断层。第二类断层把地壳分解成一块一块，就像一个拼图，在断层附近地震和火山的活动比较频繁。

　　第三类断层的规模要比第一类和第二类断层小得多，但第三类断层在数量上却远远多于前两类断层。如果我们把一块陆地剖开来观察它的截面，就会发现大量明显出现断层的地方。岩石一层一层地叠在一起，称为岩层。由于地壳运动，岩层会分裂成一块一块，有些块往上升，有些块往下降，相互错开，就形成了断层。像悬崖、采石场和矿井这样的地方，我们能够看到岩层的截面露在外面，而且由于岩层中不同层的岩石颜色也不一样，所以断层会在这些截面上形成有趣的图案。通过这些图案，我们可以观察到断层是怎样改变岩层的位置的。

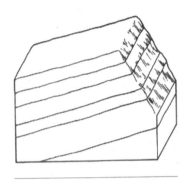

地层

很多层不同岩石叠在一起即地层。

褶 皱

当板块运动产生的力作用到地层两侧时，会使地层受到挤压而发生变形，地层会向上凸或者向下凹，这就是褶皱。如果褶皱在一个很广的范围内发生，就会形成波动起伏的地形，进一步还能形成丘陵和山脉。

根据褶皱的形状特征，可以把它们分为三种基本类型：岩层向一个方向倾斜的褶曲即单斜；岩层向中间隆起，形成凸地或山丘的褶曲，此即背斜；反过来，岩层向中间陷下，形成凹地或低盆地的褶曲，此即向斜。不过在很多时候，地形的构成相当复杂，往往几种类型的褶曲会混合在一起。例如，向斜和背斜组合在一起，使岩层形成S形，这叫做倒转褶皱；如果背斜发生在很广阔的一个区域，就会形成穹丘；如果向斜发生在很广阔的一个区域，就会形成盆地。有些地方既有穹丘又有盆地，所以地形看起来高低起伏、凹凸不平。

你知道吗？

悬崖和采石场是观察地层的好地方，其他的地方则不一定。比如，高山的表层通常会有一层沉积物覆盖，因此看不到岩层的内部构造。

悬崖

通过观察悬崖的岩石结构，地质学家能了解岩层构造的很多知识。

如果岩石受到很大的压力，在经过漫长的时间后，岩石会发生弯曲和变形。正是由于这个原因，坚硬的岩石才能够形成褶皱而不至于断裂。在地质作用中，岩石就像非常黏稠的流体，对于火成岩尤其如此，因为火成岩里含有大量的硅石和石英。在有些山脉中，褶皱的结构非常复杂，这是因为这些岩石受到巨大的压力，温度变高且开始熔化，这使它们的流动性更强。所以，如果我们把山脉切开，露出来的岩石截面就像一块布一样皱巴巴的。

褶皱的种类

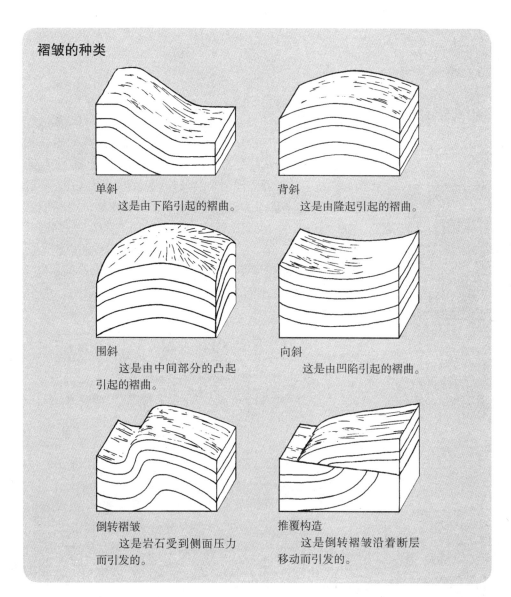

单斜
这是由下陷引起的褶曲。

背斜
这是由隆起引起的褶曲。

围斜
这是由中间部分的凸起引起的褶曲。

向斜
这是由凹陷引起的褶曲。

倒转褶皱
这是岩石受到侧面压力而引发的。

推覆构造
这是倒转褶皱沿着断层移动而引发的。

第六章
岩　石

地壳由多种岩石构成。不同的岩石所含有的成分也不一样。不仅如此，不同岩石的内部成分结合的方式也不一样。

岩石的种类

岩浆冷却后形成的岩石叫做火成岩（Igneous Rock，来自拉丁语中的ignis，意为"火"），因为它们诞生自温度极高的熔化状态的石头。绝大部分的地壳都是由火成岩构成的，地下的岩浆通过火山爆发或者扩张脊喷涌出来，经过冷却就形成火成岩。不过还有相当一部分岩浆即使没有喷发出来，也能在地下冷却形成岩石，这便是岩石的"火成论"。除火成岩之外，还有另外两类岩石——沉积岩和变质岩，它们都是火成岩直接或间接的产物。

在侵蚀过程的作用下，大块的火成岩会逐渐分解成大石块，大石块再分解成小石块，小石块分解为沙砾，最后沙砾分

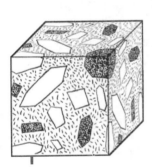

花岗岩
岩浆缓慢冷却，熔化的岩石内会有晶体生成。

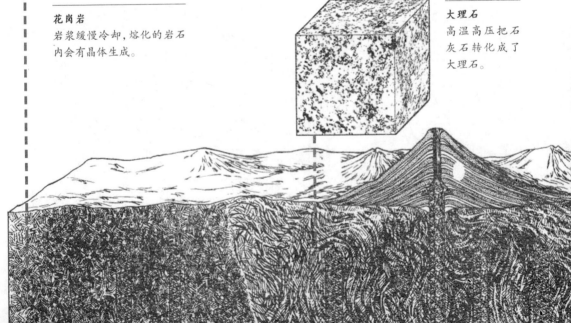

大理石
高温高压把石灰石转化成了大理石。

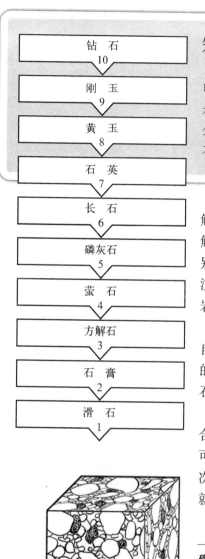

| 钻 石 10 |
| 刚 玉 9 |
| 黄 玉 8 |
| 石 英 7 |
| 长 石 6 |
| 磷灰石 5 |
| 萤 石 4 |
| 方解石 3 |
| 石 膏 2 |
| 滑 石 1 |

砾岩
卵石和沙砾胶合在
一起,形成砾岩。

知识窗

　　我们可以根据硬度来将矿石分为不同的等级,这种分级办法叫做莫氏硬度,它是由德国矿物学家莫斯提出的。按照这种分类方法,矿石的硬度可以从1到10分成不同等级,钻石最硬,滑石最软。

解成淤泥、淤泥分解成泥浆。这些由火成岩分解出来的小碎块会被水流带走,然后又沉积在别的地方。经过长时间的沉积过程,最底下的沉积物在巨大的压力下形成岩石,这就是沉积岩,多数的沉积岩形成于湖泊和海洋的底部。

　　在地壳运动的作用下,沉积岩会受到来自板块更加巨大的压力。岩石受到高温高压的作用,会发生化学变化,形成另外一种岩石,我们把这样形成的岩石叫做变质岩。

　　有些时候,沉积岩、火成岩、变质岩会混合在一起,形成砾岩。沉积过程被打断,便可能导致砾岩的形成。例如,沉积过程被一次大洪水或火山喷发打断,各种岩石的碎块就会混合在一起,形成砾岩。

火成岩

火成岩的命名来自拉丁语中的ignis，意思是"火"，因为岩浆的温度非常高，像一团流动的烈火。岩浆是气体、固体和液体的混合物，其中含有铝、钙、钠、钾、铁、镁等元素。不过岩浆里的关键成分是硅石（二氧化硅）和水（氧化氢），它们的含量决定了岩浆冷却生成的火成岩的性质。硅石的含量占岩浆体积的37%～75%，硅石的含量越高，岩浆就越黏稠（流动性差）。岩浆的命名来自希腊语，意思是将一些东西混合起来揉成团。如果熔岩冷却的速度很快，往往来不及生成大块的晶体，只会形成由粒径极小的晶体颗粒构成的岩石。黑耀石就属于这一类岩

直立的柱形晶体（左图）

有些时候火成岩冷却得非常慢，才能够形成巨大的晶体结构。这些岩石的外表被侵蚀掉之后，就露出了这些巨大的晶体柱。

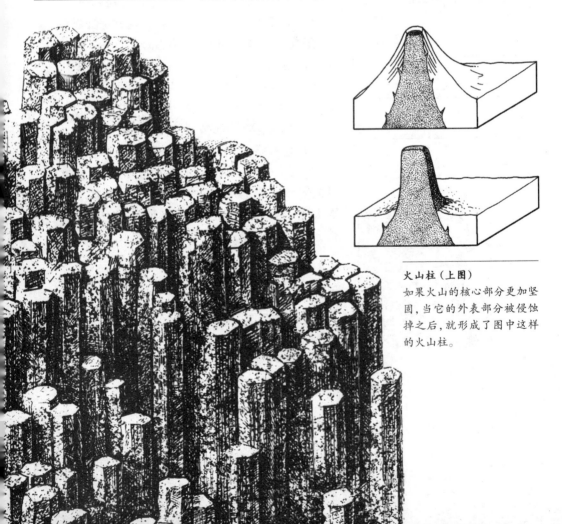

火山柱（上图）

如果火山的核心部分更加坚固，当它的外表部分被侵蚀掉之后，就形成了图中这样的火山柱。

石，它的粒径非常小，以至于岩石的外观看起来像玻璃一样。玄武岩和流纹岩的粒径要稍微大一些，因此外观看起来不是透明的，这种现象叫做岩石的隐晶质结构。

　　如果熔岩的冷却时间比较长，则形成石英和长石。一些流纹岩内部也会包含有独立的晶体，叫做斑晶。这是因熔岩冷却的速度快慢变化造成的，岩石的这种混合结构叫做斑状—隐晶质结构。

　　如果熔岩缓慢冷却，而且冷却的速度不变，就会形成形状规则的大块晶体，这叫做显晶质结构，这种结构主要在花岗岩中出现。晶体中含有一些杂质，因为所含杂质不同，它的颜色和色调也不一样，这使得花岗岩呈现出不同的颜色。如果熔岩冷却的时间很长，但是冷却的速度发生了变化，那么它形成的花岗岩中的晶体可能大小不一，这种岩石结构叫做斑状—显晶质结构。

石头山上的纪念碑
在巨大坚实的岩石山上，可以凿刻出巨大的雕像。

沉积岩

容易产生沉积岩的地方主要有两类：一类是湖泊和海洋这样流动性较低而且都有河水汇入的水域；另一类是在水流缓慢的河流、港湾、冲积平原和三角洲。另外，冰川也能沉淀它携带的杂质碎块，即冰碛。在一些地方，风也能搬运一些细小的沙尘，一旦风速降低，它们就沉积下来。形成沉积岩的物质一般都是被侵蚀下来的岩石，不过也可能是动物遗留下来的无机物。观察沉积岩的截面，一般都能看到一层一层的结构，因为它是在漫长的岁月中沉淀下来的。

砂岩，顾名思义，就是由沙砾构成的沉积岩。砂岩中的沙砾大小不一，不过直径通常都在0.1～2.0毫米的范围内变动。这些沙砾可能是石英或长石等火成岩，也可能是片麻岩这样的变质岩。自然界中有一些物质，比如硅石、氧化铁和方解石，能够像胶水一样把沙砾粘在一起，砂岩便形成了。有些砂岩里含有一些比较大的石块，这种砂岩叫做石质砂岩。比沙砾更细小的淤泥也能沉积成岩石，如页岩、粉砂岩或泥岩。这些岩石的颗粒非常小，甚至无法用肉眼辨别。

白垩石
古代海洋中大量浮游生物死亡后，它们身体中的钙质沉积下来，就形成了松软的白垩石。

煤炭的形成
这幅图显示了煤炭的形成过程。古代的有机物沉积下来，然后它们被其他的沉积物覆盖，在巨大的压力下，这些有机物最后形成了煤炭。

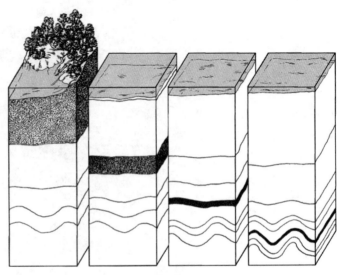

砂岩、页岩、粉砂岩和泥岩主要都是由无机物转化而来的；石灰石和白垩石则不一样，它们几乎全部是由古代海洋生物的尸体或外壳沉积而来的，主要成分都是碳酸钙。有趣的是，由于形成石灰石的生物外壳要大一些，所以石灰石更硬一些，也更重一些。

知识窗

在特殊的条件下，能形成一种鲕状石灰岩，它的内部是碳酸钙小颗粒，外部由更多的碳酸钙包裹着。石灰岩的石块被湍急的水流搬运到下游，石块沉积下来，接着，水中溶解的碳酸钙在石块上聚集，日积月累就形成了鲕状石灰岩。

石灰石（上图）
这块石灰石中有很多动物的贝壳，这些贝壳比白垩石中的动物遗骸大。

大峡谷（下图）
这里本来是一片广阔的沉积岩，在水流的侵蚀下，形成了一个大峡谷。

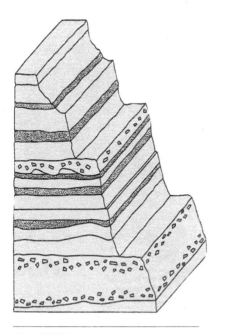

岩层（左图）
在沉积作用下，岩石一层层堆积起来，形成岩层。

变质岩

如果石灰石和白垩石受到挤压，组成这些石头的微粒就会靠得很近，温度也开始升高，由此会产生一种新的更硬的石头，叫做大理石。方解石在受到挤压后，分子会结合得更紧密，排列得更整齐，形成水晶；在类似的作用下，砂岩中的石英微粒会受热熔化，接着又凝结在一起，形成石英石。

页岩经历的变化更复杂一些，它首先形成板岩。板岩要比页岩硬，是由很多如头发丝粗细的岩层叠在一起而成的，板岩中各组成成分排列和结晶后，形成片岩，最后，片岩转变成片麻岩。片麻岩看起来和火成岩很像，因为它也是经过熔化然后充分结晶而形成的，与熔岩缓慢冷却形成火成岩的过程一样。我们称转化之前的变质岩为变质岩的母岩。在上述的例子中，片麻岩的母岩就是页岩。

变质岩的形成

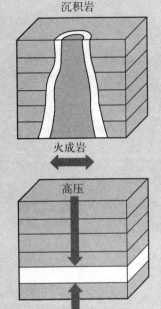

沉积岩

火成岩进入到沉积岩中，在火成岩和沉积岩的交界处，岩石会转化成变质岩。

火成岩

高压

高温

地下的岩层受到上面岩层的巨大压力，同时受到来自下方的高温作用，形成了变质岩。

叶理

页岩中有很多细小的云母片。这些云母片本来排列得没有什么规则，但在压力的作用下，它们都在同一个方向上排列，一层一层地叠加在一起，这种构造叫做叶理。页岩就是这样转化成板岩的。

流纹岩、花岗岩和玄武岩原本都是火成岩,它们也能经变质作用形成片岩。花岗岩还能变质成闪岩,闪岩的主要成分是角闪石和斜长石。角闪石中含有大量的硅石,是一种半透明的物质,上面有牛角状或乌龟壳状的花纹;斜长石是一种含有铝的硅石,是一种白色不透明物质。有少数砾岩也能形成变质岩,形象地被称为变质砾岩。

知识窗

　　在不同的压力和不同的温度下,岩石的变质情况也不一样。根据这一点,科学家可以通过分析母岩的变质程度,来推测一个地区在很久很久以前的板块活动情况。

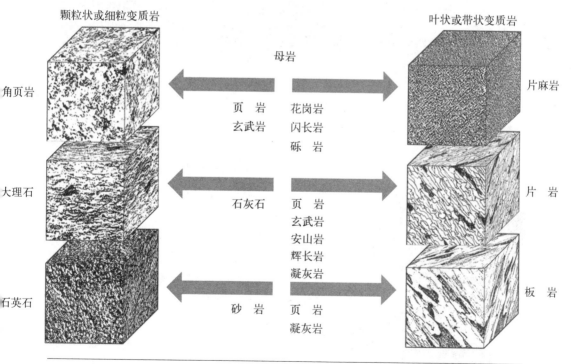

颗粒状或细粒变质岩　　　　　　　　　　　　叶状或带状变质岩

母岩

角页岩　　　　　　　　　　　　　　　　　　　片麻岩

页　岩　　花岗岩
玄武岩　　闪长岩
　　　　　砾　岩

大理石　　　　　　　　　　　　　　　　　　　片　岩

石灰石　　页　岩
　　　　　玄武岩
　　　　　安山岩
　　　　　辉长岩
　　　　　凝灰岩

石英石　　　　　　　　　　　　　　　　　　　板　岩

砂　岩　　页　岩
　　　　　凝灰岩

新岩石的产生
高温高压的作用,使得岩石转化为新岩石。新岩石有的是颗粒状的,有的是带状或叶状的。

砾岩和角砾岩

砾岩和角砾岩都是由碎石块黏合在一起形成的，这些石块有的大、有的小，不像别的岩石结构那么规则。这是因为在沉积过程中，由于某种原因，这些碎石块杂乱无章地沉积在一起，日久天长就形成了这种结构不规则的岩石。

砾岩和角砾岩在远古的洞穴里经常出现。这些洞穴的顶部塌陷之后，雨水就顺着洞口流进洞来，雨水中带有各种各样的碎块，这些碎块也跟着流进洞来。在洞里，它们也没有别的地方可去，长年累月地聚集起来，在压力以及自然界的黏合剂的作用下，渐渐形成了砾岩和角砾岩。岩石颗粒之间或岩层之间碳酸钙沉积的过程叫做钙化。砾岩中的碎石块大小不一，都是圆形或椭圆形的，而角砾岩中的碎石块则有棱角。

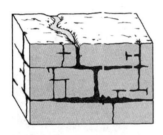

洞穴的形成（上图）
雨水从石灰石中的缝隙渗透下来（左图）；渗下来的雨水慢慢地溶解地下的岩石（中图）；越来越多的岩石被溶解，逐渐形成了洞穴（右图）。

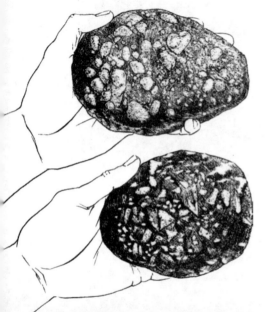

不过大多数的砾岩是在河流的底部形成的。当一些较大的石块沉积下来后，它们像水坝一样阻挡住后来的小一些的石块和泥沙。这样，河流的底部就沉积了大小不一的各种石块，水中溶解的一些化学成分这时候也开始发挥作用，比如碳酸钙和氧化铁，它们像胶水一样将这些沉积物粘在一起，形成岩石。

自然界的混凝土（左图）
砾岩中的碎块是圆形的，而角砾岩中的碎块是有棱角的。

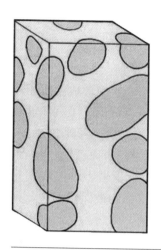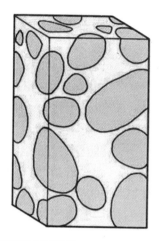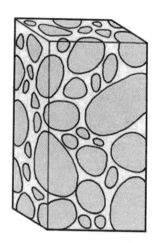

岩石成分

不同的砾岩中黏合剂与碎石块所占的比例也不一样。

知识窗

在山脚或者发生山崩的地区很容易找到砾岩，山崩把各种各样的岩层碎块混合在一起，这些混合物久而久之就变成了砾岩。另外，冰川退却后剩下的冰碛也是产生砾岩的地方，冰川搬运着各种石块和泥土，当这些冰融化之后，剩下的冰碛也就成了形成砾岩的材料。

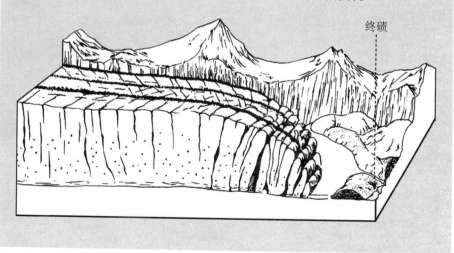

终碛

化 石

动物和植物的样子被岩石保留下来，就形成了化石。不仅如此，有些无机物的细节也能够被岩石保留下来，从而形成化石。这些化石往往是由于沉积作用形成的，反映了当时的地表状况。

化石的规模有大有小。当物质在岩洞、湖泊和海洋中沉积下来，它们形成的沉积岩也属于化石，因为这些岩石刻画了沉积区域的地表状况。有些化石只有几厘米长，而有些化石能够绵延几千米。沉积物也能刻画地表的形状，例如，在沉积岩中可以看到泥土或沙砾形成的纹路，有时候甚至雨点落下来形成的小坑都能被保留下来。火山灰是保留这些细节非常好的材料，因为它们是非常细小的粉末，它们沉积下来，在遇到水之后就会变硬。随后而来的火山灰又把之前的火山灰包住，因此火山灰内部物体的外形就得以保留下来。

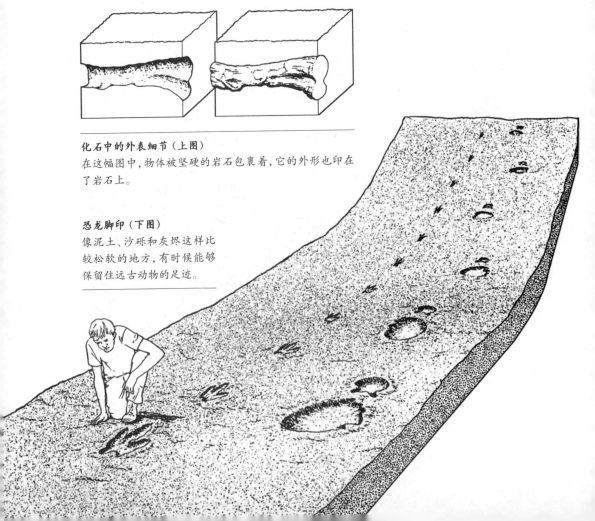

化石中的外表细节（上图）
在这幅图中，物体被坚硬的岩石包裹着，它的外形也印在了岩石上。

恐龙脚印（下图）
像泥土、沙砾和灰烬这样比较松软的地方，有时候能够保留住远古动物的足迹。

在洞穴中,不仅是洞穴底部的表面能够保留下来,有些洞穴顶部的特征也能够保留下来。一种情况是,如果洞穴被完全填满了,则洞穴顶部的特征自然就被这些填充物呈现出来了。不过还有另外一种方式,也能呈现出洞穴的顶部特征,那就是当水流流过洞穴顶部的岩石时,水流中溶解的碳酸钙不断沉积在这些岩石上,形成一种叫做石灰华的物质。石灰华就像石膏一样,能把它包着的物体表面的细节很清晰地呈现出来。

知识窗

岩浆可以流动,在地下的岩浆有时候会流入岩石的缝隙或者洞穴中。当这些岩浆冷却后形成火成岩,这些火成岩能够很好地反映地形状况。火山喷发出的熔岩也是一样,它们流过地表,冷却之后就形成岩石,这些岩石也能保留地表的形状细节。

保留在火山灰中的人体
维苏威火山于古罗马时代爆发时,喷发了非常多的火山灰,这些火山灰很快就把附近的小镇掩埋起来。图中一个没能逃走的病人被埋在了火山灰中,一些动物也被活埋了。

石头树
这些化石保留了树桩的遗迹。化石上面覆盖的岩层被侵蚀掉后,树桩化石就显露了出来。

第七章

侵蚀过程及其他地质进程

从岩石到土壤

岩石暴露在化学物质中就会受到侵蚀，尤其是水对岩石的侵蚀最为严重，比如在山顶、海边的悬崖和洞穴中的岩石，受到的侵蚀都很严重。基岩是岩石最初的样子，它是一种连续不断裂的岩石，构成了大陆块的根基。简单地说，岩石受到侵蚀的过程可以分为下面几步：从基岩到巨石，从巨石到石块，从石块到再小的石块、石子、沙砾、土壤、淤泥、泥浆，最后变成溶解质。每一步之后岩石都变小了，直到最后变成溶解质，也就是溶解在水中的物质，比如海水中的盐。

侵蚀过程分为两种：物理侵蚀和化学侵蚀。物理侵蚀中，岩石受到撞击和挤压，从大块的岩石破碎成小块的岩石。在冰雪的挤压下，山顶的大块岩石发生松动，从基岩上脱落下来。一旦大岩石脱落，它就顺着高山滚下来，在下山的过程中到处碰撞，不断破裂成更小的石块。这些小石块又被流水带走，在水流中不断碰撞，变得更小。

土壤的疏密

致密土壤的颗粒比较小，颗粒间隙中的空气比较少；疏松土壤的颗粒比较大，颗粒间隙中的空气比较多。

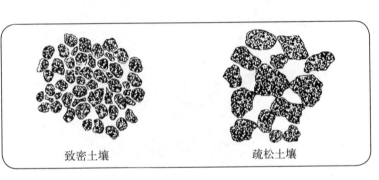

致密土壤　　　　　　疏松土壤

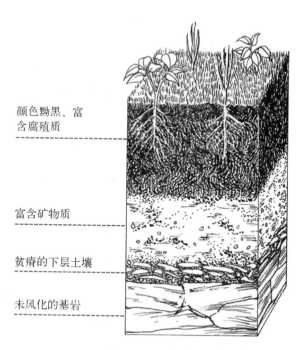

颜色黝黑、富
含腐殖质

富含矿物质

贫瘠的下层土壤

未风化的基岩

土壤结构

这是一幅土壤的截面图，从图中我们可
以看到，不同成分的土壤·层层地叠在
基岩之上。

最后，这些岩石变得很小很小，成为沙和泥，沙和泥混在一起就形成了土
壤。土壤中的岩石颗粒非常小，比起相同体积的岩石，土壤的表面积要大得多。
因此，土壤和水接触得更加充分，能够释放出植物需要的营养物质，这就是我们
所说的肥沃的土壤。岩石溶解在水中的过程叫做化学侵蚀，有些岩石要比其他
岩石更容易溶解于水，尤其是那些含有很多碳酸盐的岩石。

土壤类型

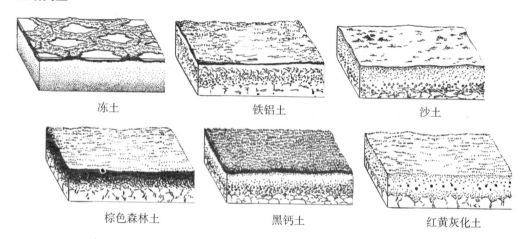

冻土　　　　　　　　铁铝土　　　　　　　　沙土

棕色森林土　　　　　　黑钙土　　　　　　　红黄灰化土

在形成土壤的过程中，一些生物起的作用也非常大。它们的排泄物和尸体留在土壤里能够形成腐殖质，这些黑色的腐殖质就是土壤中的肥料。一些植物死后遗留在土壤中也能产生腐殖质。

有助于土壤形成的小动物

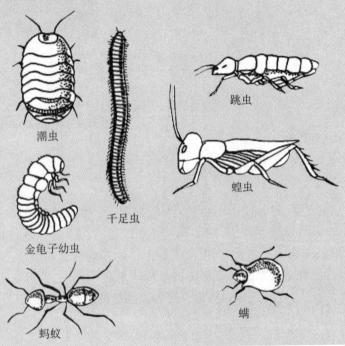

潮虫　千足虫　跳虫　蝗虫　金龟子幼虫　螨　蚂蚁

物理侵蚀

在水、温度和引力等外力作用下，大块的岩石被瓦解成小块，高山被削低，低谷被填平。这便是物理侵蚀。

在山顶，雨水沿着岩层之间的裂缝渗透到岩层中间。当这部分水结成冰后，体积膨胀，使得岩层发生松动。最终，岩石被撬起，从山顶滚落下来，一路上与其他岩石发生猛烈碰撞，产生更多的碎石块。山顶的冰雪融化成水，汇成山间的溪流，溪水能够把一些碎石块搬运到下游。在搬运的过程中，碎石继续不断与溪流底部的岩石发生碰撞，变成更小的石块。这样，它们能被流水带到更远的地方。年复一年，高山就这样"变矮"了，这就是物理侵蚀。

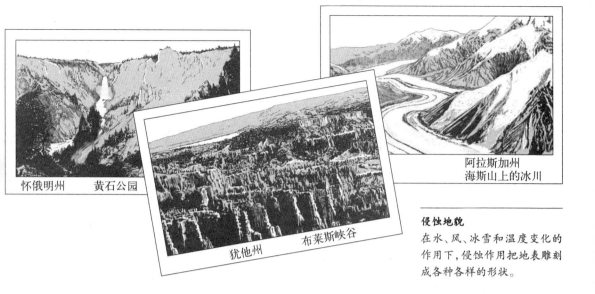

怀俄明州　黄石公园

犹他州　布莱斯峡谷

阿拉斯加州
海斯山上的冰川

侵蚀地貌

在水、风、冰雪和温度变化的作用下,侵蚀作用把地表雕刻成各种各样的形状。

　　风也能造成物理侵蚀。在沙漠地区,风把表层的土壤吹走之后,只有沙砾剩了下来。在沙暴的时候,被狂风卷起的沙砾动能非常大,能够把岩石的表面"啃掉",这样形成的地形仿佛经喷砂处理。

　　海洋上的风把能量传递给海水,形成了海浪。在刮台风的时候,巨大的海浪拍击着海岸,能够给沿岸造成显著的侵蚀作用。另一方面,海浪还能搬运岸边的石块,使这些石块沿着海岸漂移,并且彼此碰撞,变成越来越小的碎石。

知识窗

　　冰川也是造成地表物理侵蚀的因素之一,它是一条由冰雪汇成的河流,以非常慢的速度流往山下。在冰川流经的地方,松动的石块被冻结在冰中,这些有棱角的石块让冰川像一根巨大的锯条,在地面上挖出U形的峡谷。岩石碎块落到冰川上,就像落到一条传送带上,被冰川搬运到下游。到冰川融化成水,这些水又将侵蚀作用继续下去。

风和沙

在适当的条件下,狂风卷起的沙砾能够"啃掉"岩石的表面。

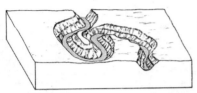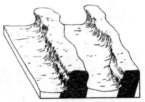

冰川

在常年低温的地方，冰川在山脉中切割出峡谷。

化学侵蚀

墓碑

用岩石雕刻出来的东西，久而久之，上面就会留下侵蚀的痕迹。

溶解是最常见的一种化学侵蚀现象，岩石溶解在水中形成溶液被带走，水是溶剂，岩石是溶质。一个最典型的例子是海洋中的盐，也就是氯化钠，这是很多岩石中都含有的成分。它溶解在水中后，被河流带到海洋中，海水不断蒸发，盐便在海洋中累积起来。

其他形式的化学侵蚀同样需要水的参与，此时，水起着酸的作用。二氧化碳（CO_2）溶解在水中形成碳酸（H_2CO_3）。类似的，亚硝酸（HNO_2）是一氧化氮（NO）和二氧化氮（NO_2）

石灰石碎块

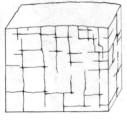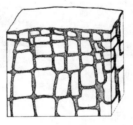

第一步：水从岩石的缝隙中渗入，渐渐将缝隙部分的岩石侵蚀掉。

第二步：随着越来越多的岩石被水溶解，裂缝逐渐变深加宽。

第三步：岩石被这些裂缝分割开来，最终崩塌成小块。

溶解于水形成的，亚硫酸是由二氧化硫（SO_2）溶解于水形成的。虽然按照实验室里的标准，这几种酸都属于弱酸，但是它们腐蚀岩石的速度要比水快得多（这种侵蚀过程叫做水解）。大气中含有上述这些酸性气体，在大气中的水蒸气汇聚成小水珠的过程中，这些气体溶解在小水珠中形成酸雨。这些酸性气体在自然条件下就会产生，但由于人类的生产活动，工厂排放废气中的酸性气体要比自然产生的多得多。

有些岩石如果暴露在大气中，也会发生某些化学变化。例如，含有铁的岩石暴露出来的部分最初是灰色的，然而在大气中的氧气和水分的共同作用下，铁变成了氧化铁，岩石也变成了赤红色。

知识窗

由于岩石是由多种物质构成的很复杂的化合物，因此它受到的化学侵蚀也是复杂多变的。溶解、水解、氧化这些作用交替进行，有时由于岩石各部分成分的不同，有些部分被化学侵蚀得较快，有些部分则较慢，这使得岩石表面的颜色有明显的区别。

溶洞

溶洞内有好多奇形怪状、美丽壮观的岩石，它们是由化学侵蚀造成的。

雨和风

地球上的水始终在不停地进行循环。从海洋开始，水循环的第一步是海水蒸发成水蒸气。太阳的能量照射到海面，使得表层的海水变热，水分子受热后蒸发到空气中形成水蒸气。这个过程在陆地上也同样会发生，比如湿地和动植物身上。携带水蒸气的热空气往上升，形成上升热气流，这个上升过程叫做对流。这是因为热空气的分子比冷空气的分子稀疏，所以热空气比冷空气轻。

热空气往上升，冷空气往下沉，对流使大气中的气流作旋涡运动，这就形成了风。当热空气升到高空后，温度降低，热空气冷却，冷却后的空气携带不了那么多的水蒸气，于是水蒸气就凝结在一起，形成可见的云。云中的液滴进一步汇集，最后变成雨从天空落下来。

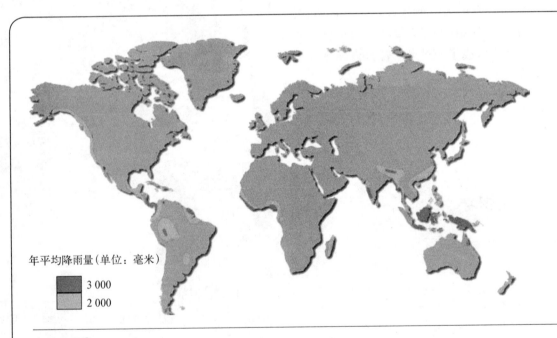

年平均降雨量(单位：毫米)

3 000

2 000

潮湿和干旱
由于海拔和地形的共同影响，有些地区每年的平均降雨量要高于其他地区。左图是全球年降雨量最多的地区，而右图是全球年降雨量最少的地区。

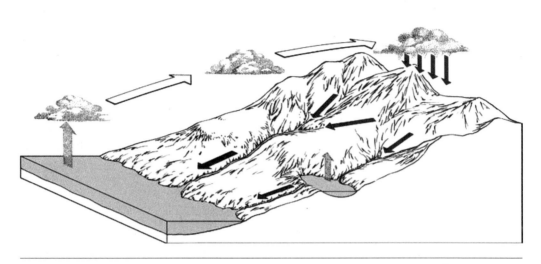

水循环

上图是水循环过程的示意图。水蒸气从海洋升到空中,被风带到陆地上空,落下的雨水又流回到海洋中。

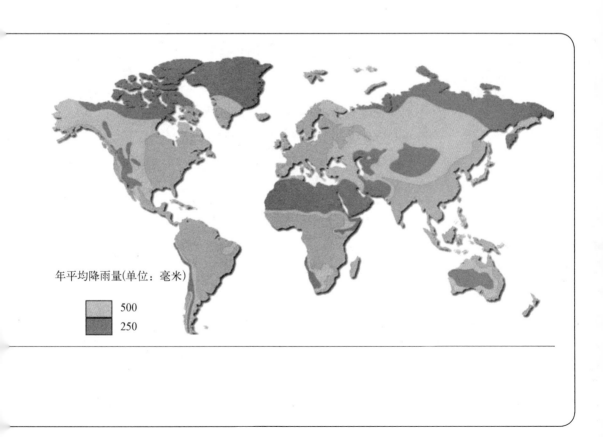

年平均降雨量(单位:毫米)

500

250

大部分的雨水直接落到海洋里，在那里，它们等待着再次被蒸发。也有不少雨水落到陆地上，这些雨水汇集成溪流，溪流再汇聚成河流，最终雨水通过这些河流又流回大海。

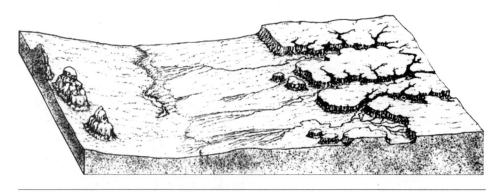

侵蚀

雨水不停地冲刷着地表，土壤中的养分也被雨水带走，最终流入海洋。

水在地球表层所占的比重很大，所以地球表面的温度变化不是很大，地球表面温度在水的冰点附近轻微变动，不至于太冷，也不至于太热。这使得三种基本形态下的水能够同时存在，水的三种基本形态是固态（冰）、液态（水）和气态（水蒸气）。

水力作用

水以气态、液态和固态这三种基本形态对地球的表面发生作用，有时发生物理作用，有时发生化学作用。通常，物理作用和化学作用同时发生。因此，地壳的形状主要由两个因素决定：一个是地壳内部的板块运动；另一个是地壳外部的水力侵蚀作用。

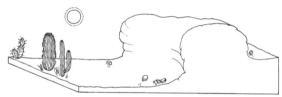

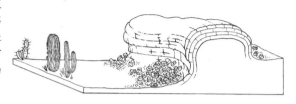

页状剥落

在沙漠地区，岩石的表面在太阳的暴晒下变得很热（右上图）。到了晚上，温度降低，岩石表面冷却收缩（右中图）。如此的热胀冷缩长期进行下去，岩石的表面就会剥落下来（右下图）。左上方的示意图是这种页状剥落岩石的一个横截面。

    水对物体产生的物理作用有很多种方式。水是不能被压缩的，因此水可以以很大的力冲击物体的表面，将物体击碎。在这个过程中，水释放出动能。海浪冲击悬崖就是一个很好的例子。

    由于同样的原因，水还能很有效地冲刷和搬运物体，将物体顺着水流从一个地方搬运到另一个地方。比如溪水和河水，就是这种情况。随着长年累月的搬运，大量的岩石被流水冲走之后，便形成了河谷。另外，有很多非有机物的物质能够漂浮或半漂浮在水中，流水搬运起这些东西来更加容易。

    水还可以分裂像岩石这样硬度很大但弹性很小的物质。这是因为水结成冰后体积膨胀，如果水被渗水性强的岩石吸附到内部或者直接渗入到岩石的缝隙中，那么这部分水结冰后，由于体积的膨胀，岩石往往会被撑裂，变成一堆碎石。

悬崖的侵蚀

白垩岩构成的悬崖很容易被海水侵蚀，这种侵蚀既有物理作用，也有化学作用。

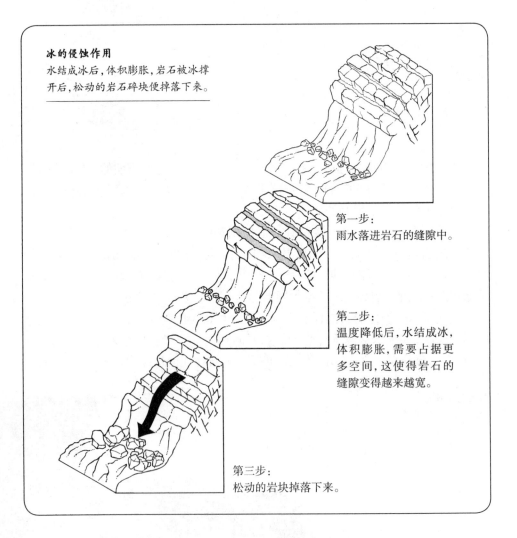

冰的侵蚀作用

水结成冰后,体积膨胀,岩石被冰撑开后,松动的岩石碎块便掉落下来。

第一步:
雨水落进岩石的缝隙中。

第二步:
温度降低后,水结成冰,体积膨胀,需要占据更多空间,这使得岩石的缝隙变得越来越宽。

第三步:
松动的岩块掉落下来。

风力作用

    热空气的分子比冷空气的分子稀疏,因此热空气比冷空气轻。这导致大气中的热空气上升,冷空气下沉,便造成大气的对流。最终,大气按照空气的冷热不同分成一层一层的,当然空气的分层肉眼是看不见的。

    然而,这些分层是难以保持稳定的,对流的继续、地球的旋转、昼夜的更替以及热带、温带和寒带地区的温度差异都会影响气流的分布。在这些因素的共同作

    太阳辐射将陆地或海洋的表面加热,陆地或海洋表面的空气分子也因此被加热。太阳的能量转化成了空气分子的运动,便形成了风。

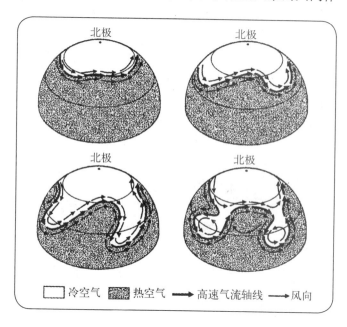

北极　北极

北极　北极

☐ 冷空气　▨ 热空气　➝ 高速气流轴线　➝ 风向

高速气流(左图)
当冷空气团和热空气团相遇时,由于对流作用,在它们的边界处会产生高速气流。

沙丘(下图)
在风力作用下,沙丘的形状与海面上的波浪有些类似。风向不同,沙丘的形状也不同。

知识窗

风的速度有快有慢,这反映了空气分子动能的大小。英国海军上将蒲福提出了蒲福风级(0~12级风)来衡量风速的大小。例如,0级风为"无风",表示风速小于1千米/小时的风;12级风为"飓风",风速高达118千米/小时,甚至更高。

用下,地球的大气中发生了强烈的对流运动,这便是我们感受到的风。

风只能搬运非常细小的颗粒,比如尘土或沙砾,沙漠就是在风力作用下形成的。风无法吹动稍微大一些的岩石,因为当风吹到岩石上时,空气的分子会压缩在一起。风提供不了足够的能量去搬运这些石块。

风助水力产生的威力最大,这时候风的能量被水吸收,而水能够更有力地作用在物体上。在大面积的水域,这种现象更加明显,比如海洋和湖泊。

当风吹动水面时,风的能量转化为波浪的能量。如果风是由海洋往陆地方向吹的,那么波浪就会对海岸造成冲击,将它的能量释放,作用于岸边的岩石、悬崖或者海滩上,由此发生侵蚀作用。

虽然冰通常被认为是固体,但它实际上是一种流体,只不过它的黏性非常大,因此流动得非常缓慢。有了这样的认识,我们便能更好地理解冰力作用的特点。

冰力作用

在寒冷的地区,比如北极、南极和高山上,积雪会不断堆积在一起,在其自身的重力作用下结成冰。这些冰雪在地心引力的作用下会缓缓地往山下流动,像一条由冰雪构成的河流,这就是冰川。

冰蚀峡谷
一条V形河谷(左图)在冰期中,河流变成了冰川,冰川侵蚀出U形谷(中图)。冰川消退后,U形谷留了下来,河流从U形谷底部流过(右图)。

冰川的流动和河流很相似,不过它的流动速度非常慢。冰川经过的地方,碎石都被冻结在冰中,随着冰川流动被搬运走。这些碎石的棱角划过冰层下方的岩石,造成进一步的侵蚀。由于古代冰川的活动,有些地方会形成一种羊背石,羊背石的迎冰面因刨蚀作用平缓而光滑,背冰面因掘蚀作用多为参差不齐的陡坎。

知识窗

　　水结成冰后体积膨胀,因此冰能够漂浮在水面上。有些地方的冰川一直延伸到海洋,于是冰川中的碎石能够随着冰块漂到很远的地方。虽然冰相对较轻,但冰可以叠加在一起,形成很厚的冰层,这些冰层非常非常重,甚至可以将岩石压得下陷。例如,格陵兰岛的中心陆地被冰层压得比海平面还要低,南极洲和加拿大的巴芬岛也都属于这种情形。

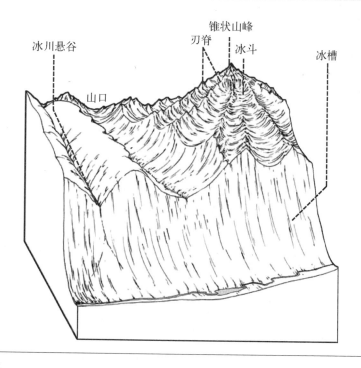

陡峭的斜坡
冰川的侵蚀作用相当厉害,这些崎岖陡峭的斜坡就是在冰川的侵蚀下形成的。

瑞士阿尔卑斯山脉
瑞士阿尔卑斯山脉的很多峡谷仍然受到冰川的侵蚀，因为这里海拔很高，积雪终年不化。

水冷却后凝结成冰，这一过程也会造成很强的侵蚀作用，虽然它不像冰川那样轰轰烈烈，但坚硬无比的岩石也不得不屈服于它的威力。这是由于水结成冰后体积膨胀，因此如果岩石内部或者缝隙中的水结成冰，那么岩石的裂缝就会被冰撑大。在反复的冻结和融化过程中，岩石的裂隙就会扩大、增多，以致石块被分裂出来，这种作用叫冻融作用。它使得整座高山或者悬崖被层层瓦解，被冻融作用裂解出来的石块堆在一起形成岩屑堆。

矿物和土壤

岩石中含有各种各样的单质和化合物，取决于岩石如何、在哪里形成。不同的岩石构成不同的矿物，为人类提供了广阔的利用空间。

含有金属成分的岩石叫做矿石。有的金属天然就是纯净的，比如金和银；不过更多时候，金属会和其他物质化合在一起，需要通过提炼才能把金属分离出来。矾土是一种含有铝的矿石，可以加工提炼出铝。

有些岩石含有大量可以利用的成分，比如生石灰（氧化钙）可以从石灰石中得到。把石灰和灰黏土一起烧制，可以制造出水泥，这是一种广泛应用于建设房屋、公路和桥梁的材料。

有些岩石非常稀有，比如宝石。宝石是由一些稀有矿物聚集在一起形成的，这些稀有矿物受到高温而熔化，慢慢汇集到一起，之后又冷却成结晶，形成

矿物质

石英
一种氧硅化合物，很多岩石中都有
这种成分。

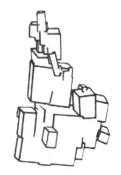

盐（氯化钠）
一种含钠和氯的化合物，在海水
中含量相当丰富。

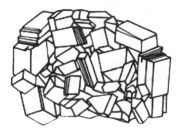

锡石
一种含有氧和锡的化合物，金属
锡便是由它提炼而成的。

方解石
一种含钙、硅和氧的化合物，是
大理石和石灰石的主要成分。

宝石。钻石的成分其实是很普通的碳，但它却相当珍贵。刚玉是氧化铝结晶而形成的，通常以其分类下的红宝石和蓝宝石而为人所知。

　　土壤是由岩石侵蚀而来的，因此土壤的性质和被侵蚀的岩石的性质有直接关系。壤土是由沙砾和黏土构成的，还含有一定量的有机物；黄土是由风力搬运的岩石颗粒沉积下来形成的，黄土中含有很多种成分，但土壤颗粒通常都很小，而且结合得很疏松。冲积土和壤土比较相似，不同之处在于壤土中含有有机成分，而冲积土中则含有淤泥。淤泥的颗粒非常小，因此，在相同的体积下，它有更大的表面积，这往往有利于形成肥沃的土壤。

铜矿（左图）

铜矿的分布比较分散，不像其他矿物那样只集中在薄薄的一层岩层中。因此铜矿往往不适合隧道开采，而是采取露天开采。

铁矿石

铁矿石中含有多种氧化铁，为了得到纯铁必须先把这些氧除掉。

黄金

金通常是不与其他物质发生反应的，因此它在自然界中往往以天然的形式存在。

潮汐和洋流

月亮的引力会作用于地球表面。因为海水是具有流动性的,不是固态的,因此这种引力使得海水发生运动。太阳也同样对地球有引力作用,这个引力也影响着海水的运动。于是,地球、月亮和太阳之间相对位置的变化,引发了潮汐运动。

> 月亮能引发海水的运动,形成潮汐。这是因为当月球从我们头顶经过时,它的引力会作用在地球的表面,引发海水运动。

每天,在沿海地区可以看到涨潮和退潮各两次,单个周期是12小时又20~25分钟,因此第二天的潮汐会比前一天晚40~50分钟。大洋上潮汐的落差很大,能够达到几米高。但在地中海这样的内海,潮汐的落差只有几厘米。当太阳和月球、地球处于同一直线的时候,潮汐的落差最大,这就是春潮;在两个春潮之间,潮汐的落差最小,称为小潮。

风是引起洋流的主要原因,除此之外,地球的自转也能改变洋流的方向。在这两个因素的共同作用下,在赤道的南北两侧形成了环形洋流。

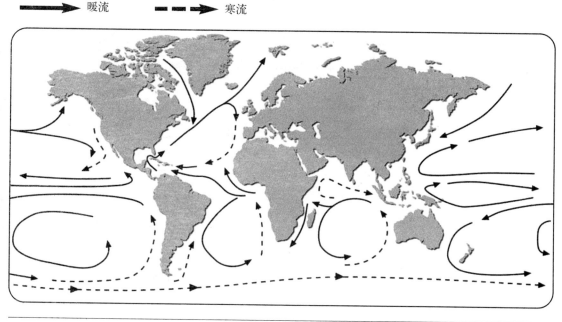

暖流　　　寒流

洋流
风力驱动的洋流在大洋表面转移热量。

还有一些因素能够引发洋流。比如，热水与冷水交汇时，由于热水的密度比冷水小，因此热水上升，冷水下沉，形成对流。当来自两极的寒冷海水和来自赤道的温暖海水相遇时，就会出现这种现象。

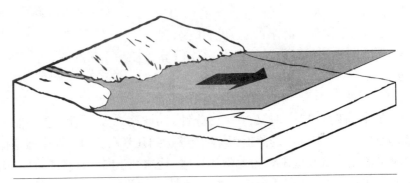

河口洋流
淡水和咸水在河口交汇，水的密度差引起洋流。

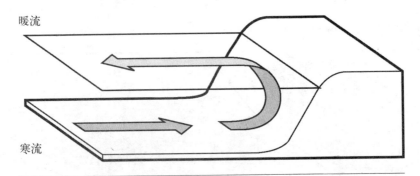

温差引起的洋流
冷水上升之后受热，温度渐渐升高。

知识窗

引起洋流的第三个原因是淡水和咸水的密度差，这种现象在河流的入海口很常见。不同密度的水，因河水携带的动能相遇，盐水下沉，淡水上升，引起类似对流的运动。

为什么会发生潮汐？

　　地球上会发生潮汐运动，造成这一现象的主要原因是月球对地球的引力。太阳对地球的引力也起一小部分作用。落差最高的潮汐（春潮）发生在太阳和月球、地球运转到在一条直线的时候（上图、中图），落差最小的潮汐（小潮）发生在太阳与月亮相对地球位置在垂直方向上的时候（下图）。

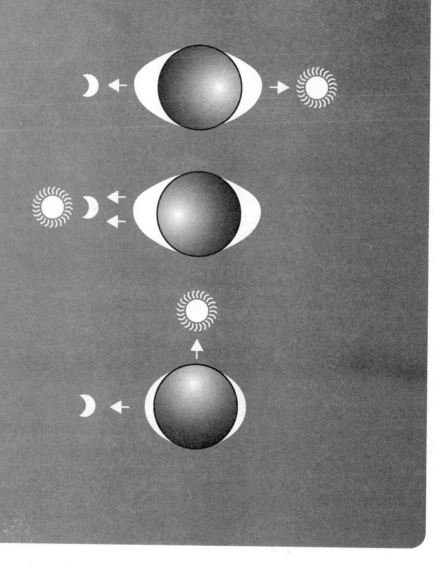

四季更替

地球绕太阳旋转，它的轨道几乎是一个正圆形，因此在旋转的过程中，地球与太阳之间的距离没有太大的变化，不足以引起春夏秋冬的四季变化。真正造成四季更替的原因是地球倾斜的角度，也就是地轴与地球公转平面之间夹角的余角，即黄赤交角，为23.4°。

由于黄赤交角的存在，在12月21日（或22日，这是北半球的冬至日和南半球的夏至日），地球的北极背向太阳倾斜23.4°；而在6月21日（或22日，这是北半

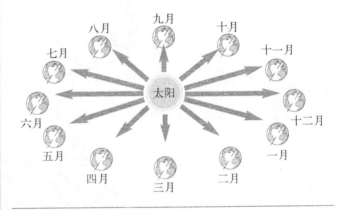

在地球一年的公转周期中，地球相对太阳的倾斜的角度不断发生改变，引起了四季更替。

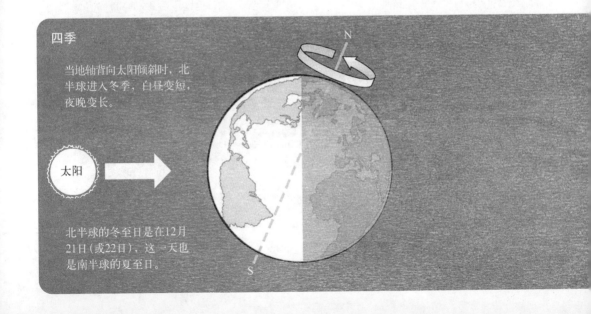

四季

当地轴背向太阳倾斜时，北半球进入冬季，白昼变短，夜晚变长。

北半球的冬至日是在12月21日（或22日），这一天也是南半球的夏至日。

球的夏至日和南半球的冬至日），地球的北极朝着太阳方向倾斜23.4°。它们就是二至点。当地球从一个二至点转过90°，到达两个二至点中间的时候，太阳正好位于赤道的正上方，即二分点，大约发生在每年的3月21日（或22日）和9月21日（或22日）。

如果太阳光照射到地球的角度不同，那么光线在大气中需要经过的距离也不同，同样多的光线照射到的地表面积也不同，这就引起了地球上的温度变化，我们称之为四季更替。在南北回归线之间的区域都有机会得到太阳的直射，这时候太阳需要穿过的大气层最薄，地表得到的热量也最多。

气候带

北极圈	60°34′ N
北回归线	23°26′ N
赤道	0°
南回归线	23°26′ S
南极圈	60°34′ S

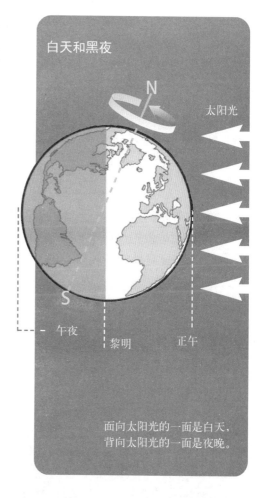

白天和黑夜

N

太阳光

S

午夜   黎明   正午

面向太阳光的一面是白天，
背向太阳光的一面是夜晚。

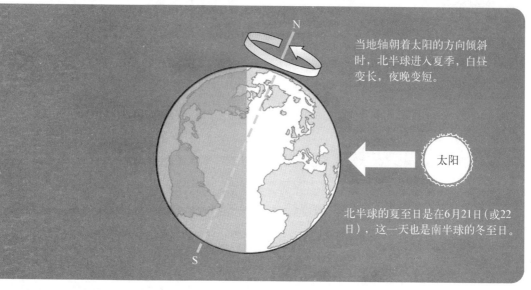

N

当地轴朝着太阳的方向倾斜时，北半球进入夏季，白昼变长，夜晚变短。

太阳

S

北半球的夏至日是在6月21日（或22日），这一天也是南半球的冬至日。

冰川作用

冰川作用每隔几千年就在地球上爆发一次，现在的地球正处于两个冰川阶段的间隙，所以大部分地区都相对温暖。根据地质上的证据，在目前我们正在经历的冰期里，已经发生了大约二十余次的冰川作用。

冰期的产生与地球绕太阳旋转的轨道有关，主要由三个因素所决定：第一个是地球轴倾的角度，这个角度会发生周期性的变化，一个变化周期为4.1万年；第二个是地球在公转过程中自转轴的轻微摆动，这个摆动的周期大约是2.1万年；第三个因素是地球公转轨道的形状，这个形状在正圆形和椭圆形之间变化，周期为4.6万年。这三个因素综合在一起，使地球经历了一系列的冰川作用。冰期有长有短，每一次冰期都伴随有冰川作用的发生。最近的一次冰期叫做更新世冰期，它几乎主宰了整个更新世（第四纪的第一个世）。如今，这次大冰期所造成的影响仍然在继续，比如被冰川侵蚀的地形和亚寒带地区的一些动植物化石。事实上，第四纪大冰期还没有完全结束，地球在几千年内将再次遭到冰川作用的袭击。

○ 1.8万年前的冰盖范围

○ 如今的冰盖范围

冰盖
在最近的一次冰期中，北极的冰雪向欧洲和北美洲延伸，厚厚的冰层覆盖大陆达几千年之久。

94

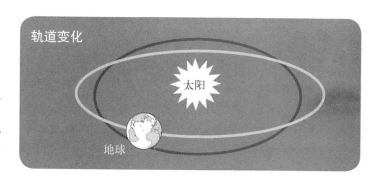

轨道变化

太阳

地球

轨道改变

地球绕太阳运行的轨
道以4.6万年为一个周
期变化着。

知识窗

　　历史上主要的大冰期是由科学家以地质时代命名的，并推测了其开
始和结束的时间。最早的大冰期叫做震旦纪大冰期，发生于27亿～18
亿年前。最近的一次冰期叫做第四纪大冰期，它开始于164万年前，至
今都还没有结束！

猛犸

在冰期的北半球，这些体形巨大的
猛犸通过进化，存活了下来。

特殊地貌

位于美国犹他州和亚利桑那州的纪念碑谷是一处非常奇特的地貌，这里的岩石发生了一种叫做差速侵蚀的现象。由于有的岩石被侵蚀得快、有的岩石被侵蚀得慢，因此地面上留下一座座巨大的岩柱，像一个个纪念碑一样，因此这里被叫做纪念碑谷。每个岩柱顶部都是耐侵蚀的岩层，它们像盾牌一样保护着下方的岩石不受雨水的侵蚀。犹他州的布莱斯峡谷国家公园也有类似的景观，它有千万根天然的红色石柱。位于犹他州的宰恩国家公园，有一个正在形成的拱门，而那里原本是一面

纪念碑谷
这里原来是一个高原，在侵蚀作用下，高原不见了，只剩下一根根巨大的石柱。

变成了化石的沙丘
表面的岩石被侵蚀掉后，就出现了古代沙漠的沙丘化石。

犹他州的拱门国家公园
地貌也是气候作用的结果，使石桥渐渐变成拱门。

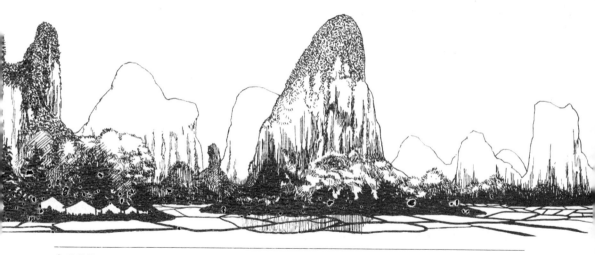

中国桂林

这些高低不平的石头山是岩石内部水力侵蚀的结果。

悬崖，悬崖顶部是耐侵蚀的岩石，它把底下不耐侵蚀的岩石扣住，雨水慢慢地渗下悬崖，把底部的岩石侵蚀掉，顶部的岩石便凸显出来，形成拱门。

犹他州的这些景观是由雨水冲刷地表而成的，另外还有一类侵蚀是由地下水的侵蚀造成的。地下水就是流动在地面之下的水，地下水能够把石灰石溶解，这些石灰石被侵蚀得支离破碎，在地下形成很多裂缝和溶洞，这就是岩溶地貌。中国的桂林是岩溶地貌的一个典型例子，那里到处是石灰石被侵蚀之后留下来的山峰和地下溶洞。在美国佛罗里达州、肯塔基州和印第安那州有一种塌陷地形也属于岩溶地貌，那里的地面上到处是杂乱无章的下陷，就像一个个炸弹爆炸留下的坑。

知识窗

在美国黄石国家公园的猛犸象热泉区，有一种"石灰华地形"。水中的碳酸钙在这里不断沉淀，而同时地下的温泉又不断冒出来溶解碳酸钙，形成的一个个水池像梯田一样分布。

海底地貌

海底的绝大部分都是一层厚厚的沉积物，然而在这些沉积物的底下却是千奇百怪的地质景观。沉积物主要是由一种有孔虫门的单细胞生物钙化遗留积聚而成的。经过成千上万年的沉积，这些沉积物形成一层叫做海泥的灰白色物质，有些地方的海泥厚度可以达到几百米。在最古老的海洋中，海泥最厚（消亡带）；而在最新的海洋中，海泥最薄（扩张脊）。

海洋的地壳要比陆地上薄得多，因此地壳下的岩浆更容易在这里涌出来，于是海底火山随处可见。更有趣的是，这些火山的源头是固定不动的，而海洋的板块却是在不断地运动，这就导致海底出现一连串的火山，这些火山记录了板块运动的过程。如果海底火山高过了海面，就形成了火山岛。在太平洋上，有数以百计的火山岛和数以千计的海底火山。

海底地貌
海底的地形中也随处可见山峰和峡谷。

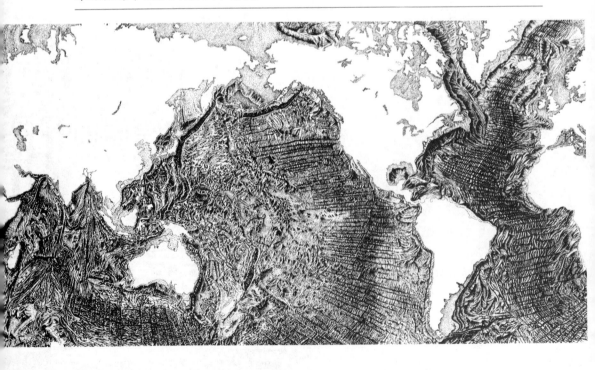

除了一些火山和峡谷,海底大体上是平整的。然而从深海到大陆之间通常会有一个过渡区域,首先是一个从深海向上的陡坡,接着的是一个缓坡一直通往大陆,这个过渡区域叫做大陆架。从地质来看,大陆架虽然被海水覆盖,但实际上却是大陆的一部分。它是在几百万年的侵蚀作用下被海水冲刷出来的,可以有几千米宽。

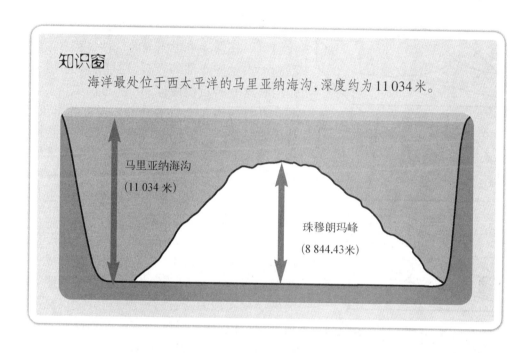

知识窗

海洋最处位于西太平洋的马里亚纳海沟,深度约为11 034米。

马里亚纳海沟
(11 034 米)

珠穆朗玛峰
(8 844.43米)

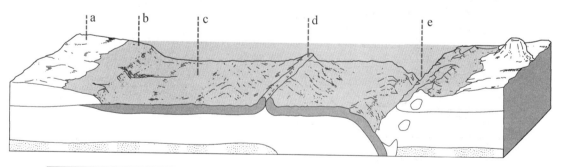

海底的地形

海底的地形主要由板块运动决定。

a. 大陆　　　b. 大陆架　　　c. 深海平原　　　d. 大洋中脊　　　e. 海沟

海岸地貌

风吹着海面，把能量传递给海浪，当海浪冲击到岸边时，这些能量被释放出来。海水不仅能对海岸造成物理上的侵蚀，还能溶解和冲刷暴露在外的岩石。

如果岸边有悬崖受到海浪的冲击，那么我们可以看到一个很明显的侵蚀过程：海浪不断冲击悬崖底部的岩石，通过化学和物理作用将这些岩石侵蚀掉，在悬崖下方形成空洞。下方的岩石无法承受上方岩石的重量，这部分悬崖就会崩塌到海水中，被海浪卷携入大海，而海浪继续冲击悬崖上暴露出来的岩石。又一轮的进攻就这样开始了。这种侵蚀的速度与组成悬崖的岩石种类有关，也与海浪携带的能量大小有关。

当海浪冲击不同区域的不同岩石时，侵蚀的速度也会有所不同，这样往往会形成一些特定的海岸地貌。如果海浪在一个地方突破了耐侵蚀的岩石防护层，它就能很轻易地侵蚀掉内部易受侵蚀的岩石，形成一个马蹄铁形的海岸，叫做小海湾。如果一处耐侵蚀的岩石两侧受到了侵蚀，就会形成M形的海岸，这就是岬角。海浪继续侵蚀岬角暴露出来的部分，又会导致海蚀柱和海蚀龛的出现。

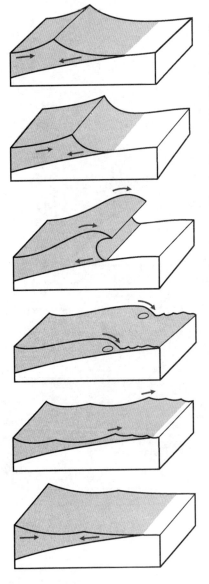

海浪
当海浪到达陆地，海水和地面的摩擦使得海浪递旋，之后海浪被击碎。

鹅卵石（左图）
在海浪的作用下，这些碎石互相碰撞摩擦，形成了表面十分光滑的鹅卵石。

差速侵蚀
海浪对不同岩石的侵蚀速度也是不同的，这样往往会形成一些独特的景观，比如下图中的五种海蚀地貌。

海蚀柱——岬角被折射的海浪严重侵蚀而成。

海蚀崖——在物理和化学侵蚀下因海浪卷走岩石而形成。

碎石滩——海蚀崖脚一片狭窄的碎石堆积。

湾头滩——新月形的沙滩，被两个岩石海岬包围着。

海岬——形成于受侵蚀的岩石被海浪卷走。

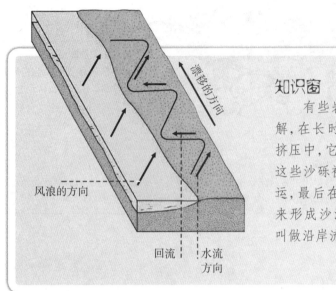

风浪的方向

漂移的方向

回流 水流方向

　　通过月球的表面，我们可以猜测到，宇宙中曾经充满了到处乱飞的小行星。一不小心，就有被它们击中的危险。

外来物体撞击

　　月球的表面布满了大大小小的陨星坑，这些陨星坑有好几百万年的历史了。它们都完好无损地保存下来，这是因为月球上没有水也没有风，不存在侵蚀作用。而在地球上，情形就完全不同了。地球受到外来天体撞击

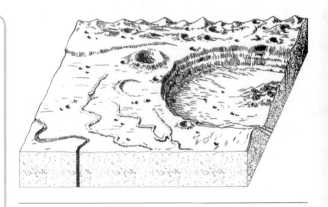

月球的表面
月球上仍然完好地保留着陨星坑，是因为月球上没有侵蚀作用。

一颗小行星冲向大气层。

 小行星与空气摩擦,产生的高温使小行星燃烧起来。

陨铁

陨石

燃烧着的小行星划过夜空,就是我们看到的流星。

大部分的流星在空中就被焚烧殆尽。

的频率与月球是一样的,然而在侵蚀和地壳运动的作用下,地球的表面已经看不出一点被撞击过的痕迹。

地球的大气层也能起到一定的保护作用。流星在通过大气层时与空气发生摩擦,进而燃烧,小一些的流星在落到地面之前就燃烧完了,然而体积较大的流星仍然可以撞击到地球表面。每年确实有很多的流星落到地球上,但大多数都没有引起人们的注意,除非流星碰巧砸中了房屋或汽车。

 没有烧尽的部分撞击到地球上。

然而在史前,曾经有巨大的流星撞击过地球,撞击甚至使得地球上的生存环境发生了翻天覆地的变化。

6 500万年前,一颗巨大的流星击中了现在的墨西哥湾,很多科学家认为这次撞击导致了恐龙的灭绝。这次撞击产生了大量的烟尘和水蒸气,这些有毒的气体占领了大气层,地球上好几个月都不见天日。大部分的物种都在这次撞击后灭绝了,这次撞击留下的陨星坑仍然存在,但它早已被沉积物所填平,只有通过特殊的勘测仪器才能寻找到。

 落在地上的流星成为陨星。

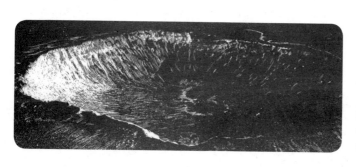

陨星坑
流星与地球猛烈碰撞后汽化,爆炸之后便留下这种神秘的陨星坑。

地下水和溶洞

如果某个地方的基岩是可溶性矿物质构成的，那么比起在地表流动，雨水更容易渗透地面、形成地下河。

白垩石和石灰石可溶于水、易于渗透，这使得水在渗透岩层的过程中，将沿途的岩石侵蚀掉。最终，水在岩层内侵蚀出错综复杂的通道和溶洞。这些地下水再往深处流，会碰到不溶于水的岩层，这时水有可能会冒出地表，形成泉。在有些地方，水的侵蚀作用非常严重，因而形成岩溶地貌，其典型特征即溶洞顶坍塌导致上部岩层下陷而形成的落水洞。

洞穴内部呈现出奇特的自然景观。由于洞穴顶部岩石的碎落，洞穴顶通常为很大的拱形，而洞底则是很多的碎石。从洞顶渗下来的水滴中溶解

知识窗

有时地下水被夹在两个不溶于水的岩层之间。这些水一直受到压力，如果有钻通上部岩层的孔道，这些水就会顺着孔道往上涌，形成自流井。因岩层压力的作用，这些水能够自动地喷上地表。

石灰岩表面（跨页图）
水会渗入石灰岩的表面，不断地将岩石间的缝隙侵蚀得越来越宽、越来越深，使得石灰岩表面变成图中的样子。

的岩石的浓度不断累积。这些水滴在下落时，水中一部分已溶解的岩石会汇集起来。成千上万年后，这里就形成了一个个冰凌状的结构，挂在溶洞顶部的叫做石钟乳，立在底部的叫做石笋。构成石钟乳和石笋的成分叫做石灰华。

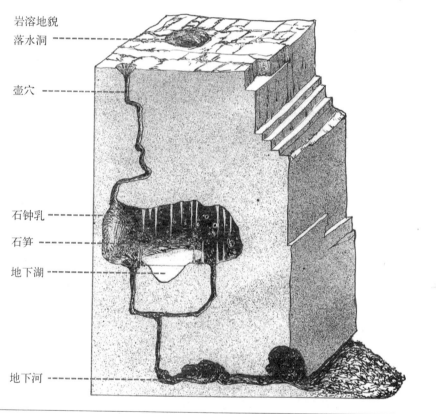

岩溶地貌
落水洞

壶穴

石钟乳
石笋
地下湖

地下河

溶洞系统（上图）
在表层的石灰岩之下，通常是错综复杂的地下溶洞系统。

生命的诞生

地球上很多地质现象的产生都与生命的参与有关。比如白垩石和石灰石，它们在地球上广泛分布，正是古代的生物遗体沉积下来而形成的。与此类似，环礁是由古代的珊瑚礁构成的。原油和煤炭也是由古代的动植物遗体转化而来的。目前还不清楚地球上的生命究竟是如何产生的，科学家还无法在实验室里模拟出生命产生的过程。不过，通过模拟43亿年前的地球环境，科学家成功地得到了构成生命的基本物质。这个实验是将电流通过混合的气体和水来模拟当时的环境，结果得到了氨基酸，这是构成生命所必需的蛋白质的基本物质。科学家推测，在地球上发生过较大范围内的随机反应，经历了漫长的时间后，蛋白质最终形成了像细菌这样的生命形式。

早期地球大气中的二氧化碳浓度非常高，如今的生物根本无法在那样的环境下生存。改变这种环境的有可能是一种叫做光合蓝细菌的蓝绿藻，它们体内的叶绿素利用太阳能将水和二氧化碳转化成养分，并且释放出氧气。当大气中有了足够的氧气可以用来呼吸之后，高级的生命形式就出现了。最早出现的是真核单细胞生物，它们是一种具有细胞核的单细胞动物。之后，真核单细胞生物慢慢演化，植物、真菌和动物开始出现。

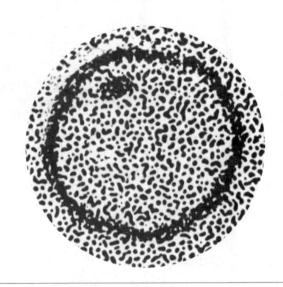

单细胞海藻化石
这种单细胞的生命形式出现在大约10亿年之前。

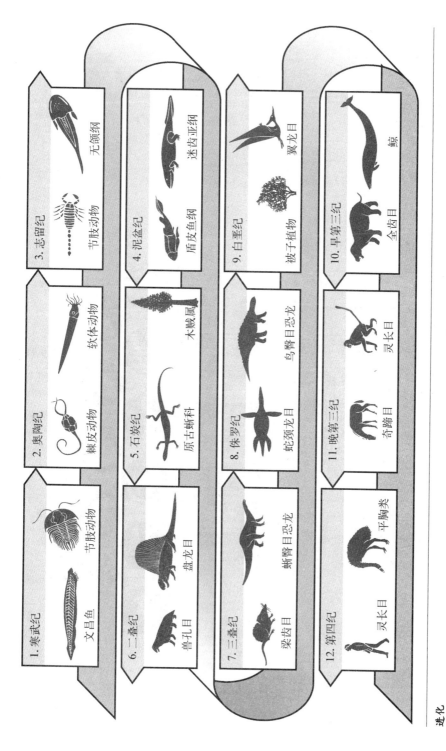

1. 寒武纪　文昌鱼　节肢动物

2. 奥陶纪　棘皮动物　软体动物

3. 志留纪　节肢动物　无颌纲

4. 泥盆纪　盾皮鱼纲　迷齿亚纲

5. 石炭纪　原古蜥科　木贼属

6. 二叠纪　兽孔目　盘龙目

7. 三叠纪　梁齿目　蜥臀目恐龙

8. 侏罗纪　蛇颈龙目　鸟臀目恐龙

9. 白垩纪　被子植物　翼龙目

10. 早第三纪　全齿目　鲸

11. 晚第三纪　奇蹄目　灵长目

12. 第四纪　灵长目　平胸类

进化

从地球上最原始的生命开始，进化过程就开始了，而且生物演化还会一直地继续下去。

我们对古代生物的大部分认识来自化石,这些化石在沉积岩中保存了下来。有很多的古代生物如今已经灭绝了,但物种有着从低级往高级进化的趋势。从无脊椎动物到脊椎动物,再从脊椎动物到人类,这是自然选择的结果。只要地球上有生命的存在,演化就会不断地进行下去。

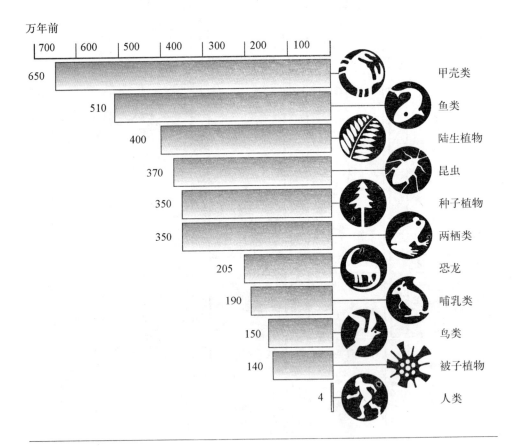

进化图

各种生物在地球上出现的时间是不一样的,有些生物已经在地球上生活了几百万年,人类则是最近才出现的。

早期生命 | FIRST LIFE

金玲 杨璇/译

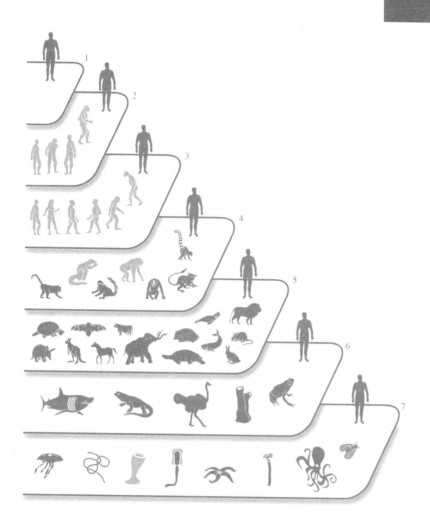

这一部分中,我们介绍了这颗行星的进化史、各项特征、变化的多样性以及行星上的生物。我们共分七个章节向读者讲述:

第一章为构建生命的基本单元——细胞。这一章讨论了在科学家眼中,地球上最早的生命是以何种形式出现的,又是怎样发展成为细胞核中含有DNA的单细胞生物的。

第二章为生命的发展变化。这一章全面介绍了生命进化发展中不同寻常的旅程。在这段旅程中,生命由单细胞发展成为多细胞的植物和无脊椎动物,占据了地球的海洋、天空、陆地和河流湖泊。

第三章为进化的根据。这一章向读者诠释了进化是如何以自然选择和遗传的方式来进行的,并且介绍了进化生物学的先锋人物。

第四章为简单结构的软体动物。这一章描述了最早的无脊椎动物。它们无论是身体内部还是身体外部都没有骨骼,却仍然能够安然无恙地生存下来。

第五章为具有身体防护的简单生物。随着物种之间的竞争逐渐激烈,对于身体防护的要求也随之增加。这一章介绍了无脊椎动物是如何演化出外骨骼进而演化出内骨骼,来满足生存需求的。

第六章为身体系统。这一章分析了无脊椎动物的生活方式,例如它们的运动方式、交流手段、繁殖策略以及从幼虫生长为成体的方式等。

第七章为侦测和反应。这一章详细分析了无脊椎动物各种感官的运作,介绍了它们基本的感觉器官以及维系生物体生命的大脑和神经系统的协调作用。

第一章

构建生命的基本单元——细胞

生命的开始

地球上的生命是怎样开始的？人们最初就已经意识到应该存在着一个科学的解释，但是一直到现在，它仍然是一个谜。

在研究地球上的生命起源这一领域中，第一位取得重要进展的科学家是美国的生物化学家斯坦纳·米勒。1953年，他以有根据的猜想为基础，操作了一个重要实验。他计算出在生命开始之前地球上的大气包含的成分及比例，然后在实验室中再造了这个环境。他把氨气、氢气和甲烷气体混合在一个装有水蒸气的容器中，这样就组成了那时人们的认知中地球最初的大气。之后，他用电流模拟闪电，观测闪电会对混合物产生什么样的影响。令世界震惊的是，米勒的实验产生了氨基酸分子，也就是构成蛋白质的基本单元。而蛋白质则是所有有机体都含有的成分。

先锋（上图）
斯坦纳·米勒，一位美国生物化学家。他为后人开辟了理解生命起源的道路。

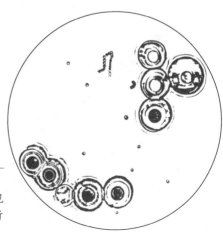

人造细胞（右图）
这些和细胞类似的结构是现代科学从无到有创造生命所能达到的最接近的成果。

生命元素

甲烷

氢气

水

氨气

继米勒的发现,另一位美国科学家西德尼·福克斯指出,在适当的条件之下,氨基酸会连接在一起,构成一种简单的类似于蛋白质的分子,叫做类蛋白质。这些类蛋白质倾向于聚集为类似于细胞的球体,这种球体还具有生长和发生化学反应的能力。

在米勒和福克斯的研究成果之后,生物化学在此领域的研究一直进展缓慢。没有人能够宣称他创造出了生命,但是他们的研究表明,生命是以一种类似的方式诞生的。当然,在诞生的过程中,还有偶然的因素。大自然进行了无数次的实验,直到某一次,一个最简单的有机体像变魔术一样从原始汤中生成出来。也可以说,生命的产生对实验条件的要求太复杂,也太特殊了,我们没有办法在实验室中达到。我们已经了解,地球上的生命是从单一源头发展而来的,这暗示着生命的产生只有一种方式。

单细胞藻类的化石标本
这是一种10亿年前的简单碳基生物。

时间简史

原始的有机体如今依然存在，我们把它们叫做古菌，在地球存在了数百万年，它们是如今光合细菌的始祖。光合细菌能够产生氧气（它们化学反应的废弃物）。此即新的有机体——蓝细菌——的进化线索。

生命进化的第二个阶段是细胞核的发展。细胞核中包括了繁殖更加复杂的有机体所需的信息，这些信息被存储在一种长长的分子中，这种分子被称为DNA（脱氧核糖核酸）。除了细胞核之外，有机体开始发展简单的、具有不同功能的类器官结构，即细胞器。在具有了细胞核和细胞器之后，最早的高等单细胞生物便诞生了，它具有进化成各种不同生命形式的无限潜力。不久之后，这些单细胞

当最早的有机体出现在地球上的时候，它是一种和现在完全不同的形态。斯坦纳·米勒的实验表明，地球的大气中是没有氧气的，这意味着最早的有机体只能依靠有机分子来维持它们最基本的生命进程。

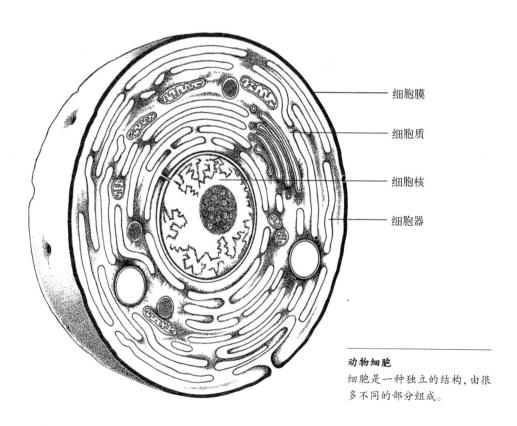

细胞膜

细胞质

细胞核

细胞器

动物细胞
细胞是一种独立的结构，由很多不同的部分组成。

113

生物开始连接在一起共同合作。这意味着它们可以各司其职而共同受益。而这种合作的必然结果，就是它们越来越依赖彼此，最后永久地连接在一起成为多细胞生物。这种多细胞生物能够通过繁殖细胞而不断生长，并且开始在身体的不同部分或结构中使用各种特化的细胞。

知识窗

一些科学家把蓝细菌和细菌划分在一起，成为一个原核细胞域（意为"在细胞核之前的"域）。而动物和植物所属的域则叫做真核细胞域（意为"有完整细胞核的"域）。最基本的真核生物是单细胞生物。虽然这种有机体只是一个独立的细胞，但是它仍然具有与多细胞生物相同的细胞元件。

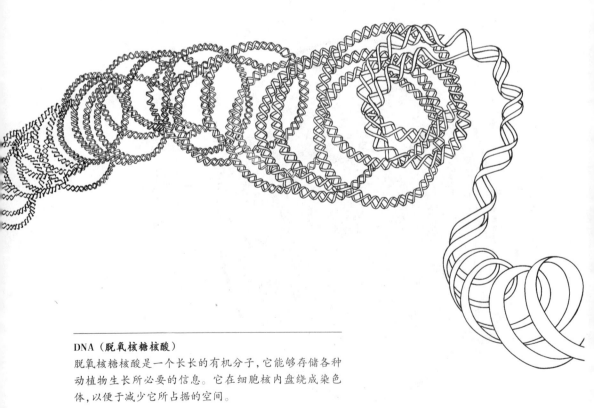

DNA（脱氧核糖核酸）
脱氧核糖核酸是一个长长的有机分子，它能够存储各种动植物生长所必要的信息。它在细胞核内盘绕成染色体，以便于减少它所占据的空间。

微生物

细菌是非常简单的有机体,其中的一部分通过众所周知的呼吸作用来获得能量,另一部分——蓝细菌则是靠光合作用来获得能量。古菌和细菌在外形上相似,但是它们的分子是以一种不同的方式来组合的。有人认为,古菌代表着原核生物和另外一种包括所有动物、植物和真菌的域——真核生物域之间的联系。蓝细菌也被称为蓝绿藻,因为当它们成千上万地聚集在一起的时候,会呈现出绿色。它和其他植物一样具有用来发生光合作用的叶绿素,也因此会呈现绿色。蓝细菌生长在水中,只需要极少量的氧气,但是需要大量的二氧化碳。

条件适当的时候,蓝细菌会迅速繁殖使细菌的数量大幅度地增加,以至于在水面上形成一张绿毯。这种现象被称为水华。类似动物的细菌散布的范围要比蓝细菌广泛得多,到处都可以发现它们的踪迹——水中、陆地、空气、

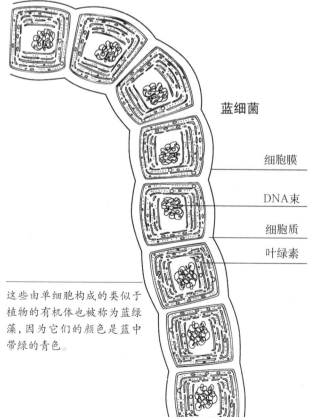

这些由单细胞构成的类似于植物的有机体也被称为蓝绿藻,因为它们的颜色是蓝中带绿的青色。

蓝细菌

细胞膜

DNA束

细胞质

叶绿素

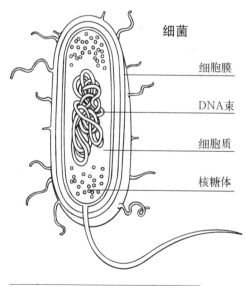

细菌

细胞膜

DNA束

细胞质

核糖体

典型的细菌
与其他的生命形式相比,这些由单细胞构成的类似于动物的有机体数目更加庞大,传播得也更加广泛。

其他生物身上、其他生物体内以及死去的生物身上。

　　不同种类的细菌会依据它们的生活方式而被人们描述为有害菌或者有益菌。例如,一些细菌会导致疾病,而另一些细菌却能够帮助动物消化食物。细菌在生态系统中也十分重要,因为它们能够分解死去的动植物遗体,使其中的营养成分回归到大自然当中。古菌在湖泊、海洋和盐池中随处可见,它们可能是世界上传播最广的生物。

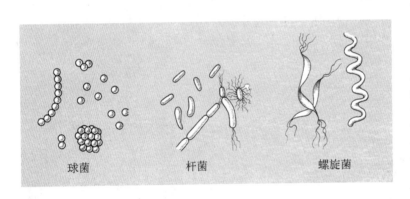

球菌　　　　杆菌　　　　螺旋菌

细菌种类

细菌通常为球形、椭圆形、棒状或者螺旋形。它们有着普遍的简单内部结构,而且细胞壁通常十分坚硬。

有核细胞

　　所有的动物和植物都属于真核生物。它们都是从简单的单细胞生物进化而来的。在希腊语中,"真核细胞"的意思是有完整的细胞核或者真正的细胞核。具有细胞核意味着完成了进化过程中关键的一步发展,因为它形成一组精巧的DNA结构,能够精确地复制一个有机体。这意味着有机体能够变得越来越复杂,但是仍然可以精确复制出自身的翻版。这种能力使真核生物能高度适应周围的环境,同时也使它们能够以无穷无尽的各种方式进行多样化的发展。

　　单细胞的真核生物有一个明显问题,那就是它们无论在大小还是在适应性方面都只能针对一个细胞而言。但是随着很多单细胞的真核生物连接在一起，构成了最初的多细胞生物，这个进化中遇到的障碍就被克服了。通过这种方式，真核生物能够生长得更大，并且开始使不同的细胞具有专门的功能。这使有机体的生命形式具有了无穷无尽的多样性，也是进化可能发生的最佳方式。

简单说来，所有的多细胞生物实际上都是由单细胞生物组成的联合体，它们共同工作使整体获得更大的利益。这种方式适用于人类和所有其他的动物和植物。每一个细胞都是自给自足的，但是它们之间有着敏感的联系和互动。如水螅、海绵或者蠕虫等动物可以碎裂成小片，每一片中含有的细胞能够进行修复或者生成若干个新的小个体。

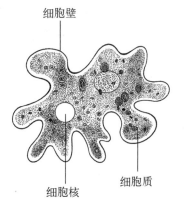

细胞壁

细胞核 　　细胞质

变形虫（左图）
这是最简单的真核生物之一。它具有单细胞结构，和动物类似，被划分为原生动物，或者说是原生生物。

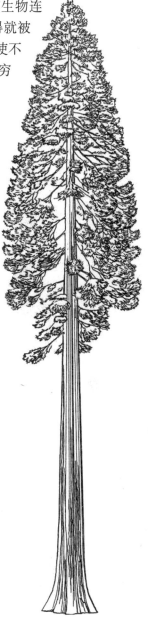

巨杉
这种树是生长于陆地上的有机体在不会因为体重过重而崩塌的前提下所能达到的最大高度。

世界真奇妙

真核生物的体形，小到单细胞的微生物，大到巨大的鲸鱼和树木。理论上，真核生物通过增加更多的细胞可以生长到任意大小，但是它们却会受到环境因素的制约。食物的供应是其中的一个因素，因为它们需要大量的营养物质和能量来构建更多的细胞以便维持整个有机体的活力。同时，一些物理因素也决定了一个有机体是否能够支撑自己的身体。

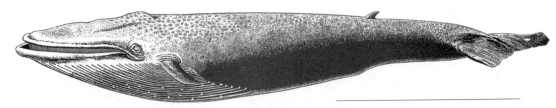

鲸

这种动物生长出了尽可能庞大的体形，因为它可以用水的浮力来支撑自己巨大的身体。

借助外力生存

病毒只是一种由蛋白质外壳包围起来的核酸，因此它的遗传密码非常简单。而它们没有办法靠自己的力量维持生命过程，只能依靠其他生物的细胞为它们提供食物以及它们生存和繁殖所需要的条件。它们的体积极其微小，甚至能够在它们所寄生的细胞内的微小空间中复制出成千上万个病毒。在

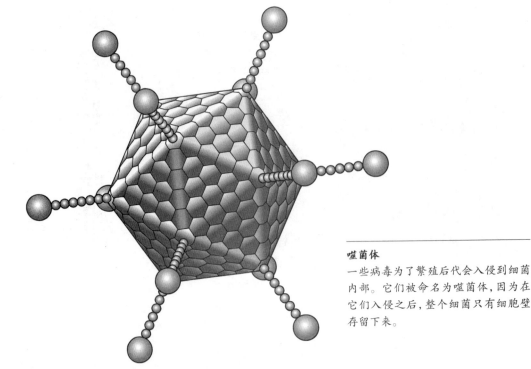

噬菌体

一些病毒为了繁殖后代会入侵到细菌内部。它们被命名为噬菌体，因为在它们入侵之后，整个细菌只有细胞壁存留下来。

118

那之后，它们会从寄生的细胞内破壳而出，再去入侵更多的细胞。这个过程被人们称为病毒感染，在寄主身上则通过各种疾病表现。人类体内的病毒感染五花八门，从普通的感冒一直到艾滋病（获得性免疫缺陷综合征）都由病毒引起。病毒具有一个有趣的特征，那就是一旦寄生，它们就不能再离开寄主。与使用抗生素来抑制有害菌同理，即使疾病的症状已经消失了，病毒仍然停留在体内，只是处于休眠状态而已。

朊病毒的结构比病毒还要简单。它是一种蛋白质微粒，但是能够在寄宿的生物中用病毒的方式进行自我复制。虽然结构十分简单，朊毒体却很难被消灭，而且它会导致严重的神经系统疾病。目前，人们对朊病毒不是十分了解，因为它的作用范围十分微小，要用科学的方法来观察是极其困难的，即使是用高倍数的显微镜也并不容易。

知识窗

一些病毒依靠侵袭细菌维持生命，它们被人们称为噬菌体。噬菌体把自己的DNA注入进细菌的细胞，一旦进入细胞，这些DNA开始以寄主为原材料，复制新的病毒。最后复制出来的噬菌体从死去的寄主身上出来，开始寻找新的寄主。

病毒把DNA注入细菌内部。

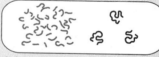

病毒DNA破坏细菌细胞内DNA。

新病毒利用细胞DNA生成。

新的病毒冲破了那层脆弱的细胞壁，每一个新生的病毒都开始寻找下一个细菌作为目标。

第二章
生命的发展变化

走进动植物界

真核生物分为两个界：植物界和动物界。

　　一些生物同时具备了动物和植物的特性，因此这两者的区别有时候并不是非常清晰。

　　无论如何，在动物和植物之间还是有着一些典型的差异的。最明显的一点应该是，动物受到刺激时会动作迅速地作出回应，而植物则不能。这是因为动物具有特化的感觉器官、肌肉和神经系统以对外界的刺激作出反应。另外一个重要的区别是，动物以有机物质为营养，通过呼吸作用来维持生命；而

世界真奇妙

　　捕蝇草是一种生长在美国东南部沼泽地带的植物。

　　当地的土壤非常贫瘠，无法提供足够的营养物质，因此这种植物进化出了一种捕捉飞行昆虫作为食物的能力。

　　当一只昆虫降落在一片叶子上时，叶片上敏感的纤毛就会迅速察觉到，而使分为两半的叶片合拢。昆虫被困在叶片中不能脱身，很快就会被捕蝇草分泌的一种含有酶的特殊液体消化。

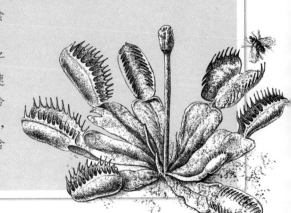

植物以无机物为营养,通过光合作用来维持生命。除了这些不同之外,动物会生长形成固定的身体结构,它们的大多数细胞都有柔软的细胞壁以达到好的柔韧性,弹性很好。植物也具有身体结构,但更随意,它们的细胞壁更加坚硬,没有柔韧性的需求。

一些生物混淆了这些规则。有一种原生生物(单细胞生物)叫做鞭毛藻,它含有叶绿素,这证明它能够像植物一样进行光合作用来获取食物,但是它们也能够像动物一样移动,并对刺激作出反应。

在植物界,有一些以有机物为食物的物种,它们能够用一种类似于动物的方式食用昆虫。这样的植物被恰如其分地称为食肉植物。食肉植物包括猪笼草、茅膏菜和捕蝇草。除了它们肉食性的饮食习惯之外,它们中的一些在叶片受到猎物的刺激之后会迅速地作出反应,使它们和动物更加相似。

除了这些像动物的植物之外,还有一些动物以植物的方式生活。海绵、珊瑚和苔藓动物看起来和植物非常相像,因为它们始终保持不动,以分支延伸的方法生长,外表看上去就像是一丛没有叶子的灌木一样。

珊瑚的结构(左图)

在活着的珊瑚内部存在着很多微小的个体,它们是一种叫做珊瑚虫的动物。

珊瑚(右图)

各种珊瑚在外形和大小上具有很大的差异,但是所有的珊瑚在构成上都是相同的。它们由各种各样的珊瑚虫构建而成。

环绕着珊瑚虫口部的触手

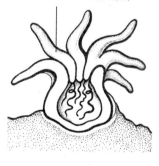

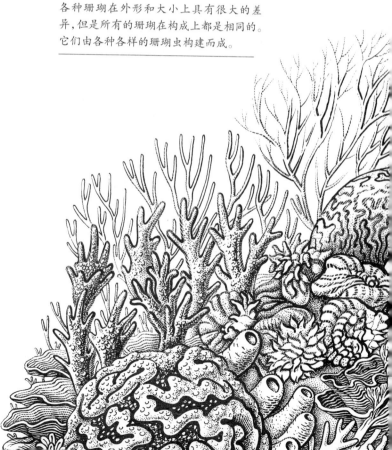

保持简单的结构

与动物类似的单细胞生物被称为原生动物（最早的动物）。大多数原生动物是微生物，但是也有一些是肉眼可见的。

原生动物可以被分为三种：独立生活的、寄生的（从其他活着的生物身上获得食物）或者共生的（和其他的生物一起生活、共同受益）。最常见的原生动物叫做变形虫。变形虫生活在水中，是一个具有代表性的种类。变形虫拥有灵活柔软的细胞壁，并且能够用细胞壁包住它的食物，然后把它们吞进自己的身体里。在把食物吞进体内之后，一种和胃类似的微小物体——食物液泡——就会把食物消化掉。变形虫能够利用身体上像肢体一样的凸起部分的辅助来移动，也可以借助水流的帮助使自己移动。其他不寄生、也不共生的原生动物则拥有真正的附肢帮助它们游动。其中一些还有灵活的、像鞭子一样的尾巴，叫做鞭毛，在游动时可以左右摆动。还有一些原生动物具有成排的、坚硬的刚毛，叫做纤毛，在它们游动时像细小的船桨一样来回摆动。变形虫中的一种溶组织内阿米巴可以导致严重的痢疾，叫做阿米巴痢疾。变形虫居住在包括人类在内的哺乳动物的肠道流质中，它是一种寄生型的原生动物。还有其他种类的原生动物也能够入侵到动植物的细胞中，一个广为人知的例子就是可以导致疟疾的疟原虫。这些原生动物侵入动物的肝脏和血液的红细胞中，严重时甚至会引起寄主的死亡。

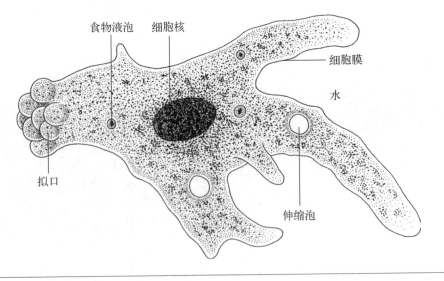

变形虫

即使作为一个单细胞生物，它仍然能够移动和感知周围的环境。

知识窗

  疟原虫有一段复杂的生活史,并且关系到哺乳动物和蚊类的一种——疟蚊属。这种寄生虫在蚊子的身体内部繁殖,之后子孢子进入到蚊子的唾液腺。在蚊子叮咬哺乳动物吸食血液的时候,也把它带进哺乳动物的身体。一旦进入了哺乳动物体内,它们就会感染哺乳动物的肝脏和血液,因而引发疟疾。

原生动物的移动

单细胞生物用不同的方式向各个方向移动。它们可以改变它们的形状,或者摆动它们丝状的延长部分向别处移动。

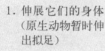

1. 伸展它们的身体
(原生动物暂时伸出拟足)

2. 突发性的动作

3. 有节奏地移动

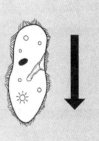

联合体是关键

  侧生动物是多细胞生物(后生生物),但是它们身体的各个部分之间缺少清晰的界限。相反,整个身体就像是一个细胞的混合体。然而,具有多细胞结构意味着侧生动物的体形会远远大于单细胞生物,并且具有了发展为真后生动物的可能性。

  真后生动物,包括除了后生生物之外的所有其他种类的动物,从珊瑚虫到脊椎动物,都具有分化明显的细胞。很显然,定义真后生动物的原则是一个非常成功的公式,成功的原因在于真后生动物具有催生无限多样化结构的潜能,因为它们具有不同功能的细胞。此外,地球上现存的真后生动物在进化过程中的实例也证明

  原生动物很可能被侧生动物所取代,成为最早的真正意义上的动物。侧生动物包括多孔动物和海绵动物,这个名字的意思是"在动物之外"。因为它们中的每一种都会生长成为不规则的形状或长出无定形的组织。

后生动物

这张图显示了一些组群的例子,科学家们把多细胞动物划分为这样的组群:从主要的单位(门)到个别的种类,例如智人。
我们可以看到,人类和狮子是哺乳动物的相关成员,人类和青蛙都是脊索动物门的成员,而各门都归于后生动物。

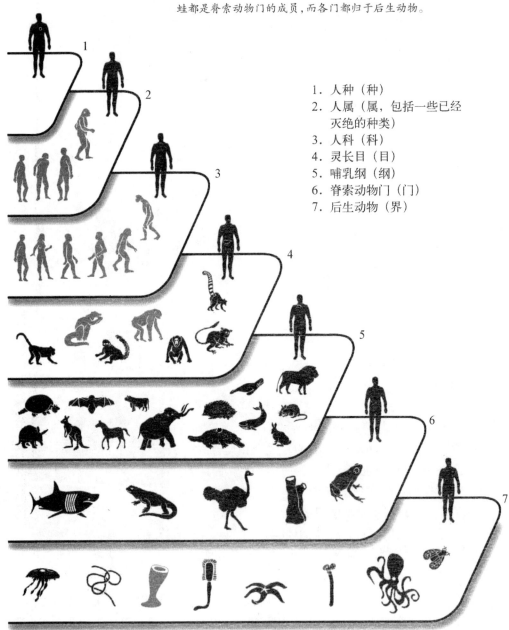

1. 人种（种）
2. 人属（属，包括一些已经
   灭绝的种类）
3. 人科（科）
4. 灵长目（目）
5. 哺乳纲（纲）
6. 脊索动物门（门）
7. 后生动物（界）

了一点,那就是真后生动物这种进化的潜能并没有随着时间流逝而消失。真后生动物亚界具有数目庞大的物种——据估算有800万种。无论环境发生了何种改变,它们都能够以某种形式生存下来。实际上,它们已经成功地克服了地球表面的渐变——在海洋中、在陆地上、在空中,也度过了史前时期的无数次自然灾难。

真后生动物一般被划分为21类,称为"门";这21个门又被划分为80个更小的类,称为"纲"。真后生动物在形态上具有如此繁多的种类,使尝试归纳出一种具有代表性的形态的努力徒劳无功。真后生动物包括珊瑚虫、蠕虫、软体动物、蟹类、蜘蛛、昆虫、鱼类、两栖类、爬行类、鸟类和哺乳类。

从软体到骨骼

多孔动物或者海绵动物含有一种有弹性的物质,这种物质叫做胶原蛋白。它们的外壳就是由胶原蛋白组成的,柔软而又灵活。珊瑚虫没有外壳,但是它们用沉积的矿物质在身体外面筑成了一层保护外衣。这种用外壳来保护自己的习惯一直被沿用着,比如蜗牛就是用它背上的壳来保护自己的。很多种头足动物有和它们差不多的形态,它们的贝壳是由矿物质构成的,这些贝壳是它们的特

当远古时期的动物体形开始变大时,常常进化出坚硬的骨架或者骨骼来保持它们的外形。实际上,最早具有骨骼的动物是原生动物,它们的骨骼主要是为了保护它们不会被其他的生物吞食。它们用矿物质筑成细小的杆状体(叫做骨针)或者像蜗牛一样的外壳。

软体动物
大多数这样的动物生活在水中,因为水可以很好地支撑它们的身体结构。

125

色，也可以保护它们。鹦鹉螺就是一个活生生的例子。化石记录中，还包括了成百上千不同种类的菊石和箭石。墨鱼是这个家族中有趣的成员，因为它们的外壳已经被修正成了像骨头一样的结构。棘皮动物，像海星和海胆，就有像骨骼一样的保护外壳，这些外壳是由它们皮肤中一种叫做碳酸钙的物质构成的。这些物质有时候融合在一起，有时候是分离的。

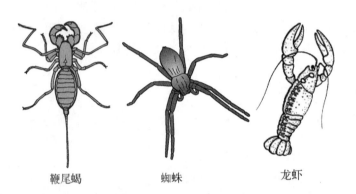

鞭尾蝎　　　　蜘蛛　　　　龙虾

具有外骨骼的动物
"节肢"的意思是有分节的腿。这些动物的外骨骼是分节的，以便于它们灵活地移动。

知识窗

当一只节肢动物作好准备要长大的时候，它需要蜕掉身上旧的外骨骼。通过增加它身体内部的压力，这个小小的生命撕裂它的外骨骼，以便于从外骨骼中挣脱出来。这个时候，它的身上已经有了新的外骨骼，但是壳质很软，所以它能够把新的外骨骼撑大，一直到尺寸和它的身体相适应。此时，这个小生命必须在一个远离天敌的安全地方等待，直到新的外骨骼变硬。

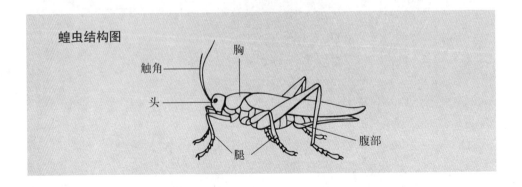

蝗虫结构图

触角——　胸

头——

腿

腹部

外骨骼——是随着节肢动物的进化而出现的。节肢动物包括螃蟹、龙虾、昆虫、蜘蛛、蝎子、千足虫和蜈蚣，它们都具有由一种叫做几丁质的物质构成的外骨骼。几丁质是一种复杂的有机物，它很坚硬，但是韧性很好，不容易破碎。因此，节肢动物可以应付剧烈的撞击，而外骨骼不会损坏。它们的外骨骼是分节的，这解决了它们的行动问题，它们身体的每一个部分都可以独立地移动。它们不断地蜕皮，用新的、更大的外骨骼来代替旧的外骨骼，从而解决了体形变大的问题。

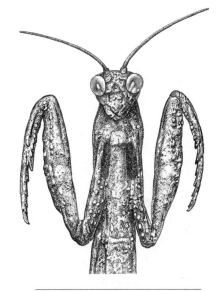

螳螂

从外骨骼动物到内骨骼动物

外骨骼有它自身的缺陷——其中最显然的莫过于成长期过于脆弱。为了生长，具有外骨骼的动物需要蜕掉它们旧有的外骨骼，换上新的外骨骼。但新的外骨骼在一段时间内都会很软，它们会因没有防范能力而容易受到攻击。此外在此期间，它们要移动也很困难，因为它们的肌肉需要坚硬的骨骼支撑才能够行动。

虽然很多动物都具有外骨骼，更高等的生命形式则发展出另外一种支撑它们身体的结构：那就是内骨骼。

还有另外一个问题。具有外骨骼的动物只能生长到某一个固定的尺寸，大于这个尺寸，便违反了物理学的定律而无法移动。这是因为在它生长的过程中，外骨骼需要一直保持强壮，而到最后，它会变得太重，无法再控制内部的肌肉。

内骨骼基本上解决了这些问题。然而，具有内骨骼的动物并不是从具有真正外骨骼的动物进化而来的。棘皮动物——海星和海胆——是最早拥有内骨骼的动物。它们有像骨骼一样的碳酸钙保护膜嵌在皮肤中。

骨骼是由碳酸钙和胶原蛋白组成的：碳酸钙使骨骼坚硬，但是易碎；胶原蛋白使骨骼具有韧性，但是过于柔软。这两种物质的综合使骨骼具有足够的柔韧性，以支撑动物或动物在移动的过程中所受到的压力和张力。

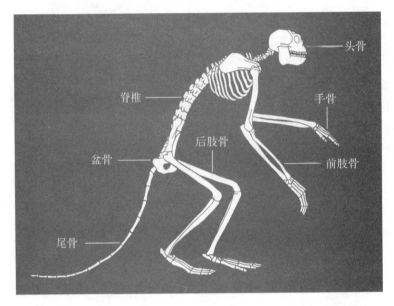

内骨骼
头骨
脊椎
手骨
后肢骨
盆骨
前肢骨
尾骨

内骨骼
内骨骼的骨头从
内部支撑着动物
的肌肉和体内器
官。另有一些骨
头,像头骨和胸
骨,还保护着内部
的结构。

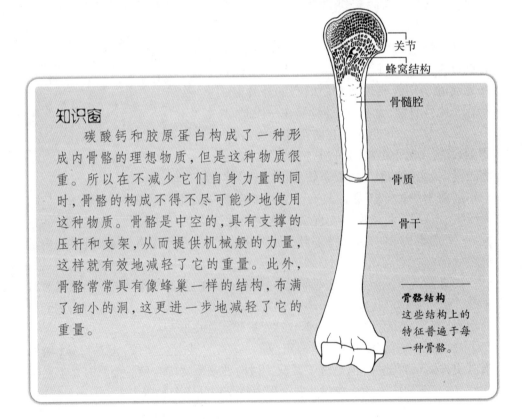

关节
蜂窝结构
骨髓腔
骨质
骨干

知识窗

　　碳酸钙和胶原蛋白构成了一种形
成内骨骼的理想物质,但是这种物质很
重。所以在不减少它们自身力量的同
时,骨骼的构成不得不尽可能少地使用
这种物质。骨骼是中空的,具有支撑的
压杆和支架,从而提供机械般的力量,
这样就有效地减轻了它的重量。此外,
骨骼常常具有像蜂巢一样的结构,布满
了细小的洞,这更进一步地减轻了它的
重量。

骨骼结构
这些结构上的
特征普遍于每
一种骨骼。

从无脊椎动物到脊椎动物

节肢动物——昆虫、蜘蛛、螃蟹和龙虾——拥有坚韧的外骨骼，像装甲一样保护着它们的神经系统。在一个独立的进化过程中，一些真后生动物发展出内骨骼。它们的软骨具有一条强化的脊柱（脊索）。在脊索之上有一条管状的神经线。在这些脊索动物中，一部分发展出了头骨（颅骨），用来保护它们的大脑。另外一些成年的脊索动物中，脊索也被一系列的骨头所取代，这就是脊椎。脊椎动物中，有一些保留了由软骨组成的脊柱，另外一部分发展出了由骨骼组成的脊椎。如今，低等的脊索动物仍然存在，例如海鞘和文昌鱼，而高等的脊索动物则包括鱼类、两栖类、爬行类、鸟类和哺乳类动物。

对于脊椎动物来说，脊椎和头骨是内骨骼的一部分，它们同时还作为保护着脊髓和大脑的"外"骨骼，所以具有双重功能。作为内骨骼的一部分，脊椎构

大多数大脑或神经系统没有保护结构的高等动物都属于头足动物，像鱿鱼、墨鱼和章鱼等。它们依靠自己柔软的身体和智慧来躲避伤害。

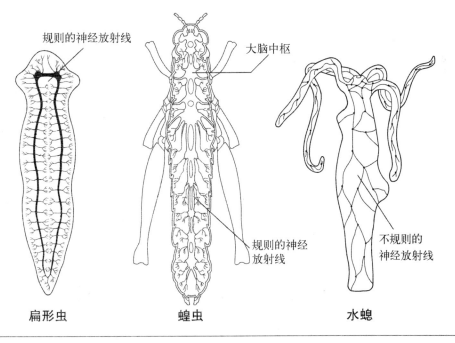

规则的神经放射线

大脑中枢

规则的神经放射线

不规则的神经放射线

扁形虫　　　　　蝗虫　　　　　水螅

适应环境

对于非脊索动物而言，神经系统的分布没有一定规律。

129

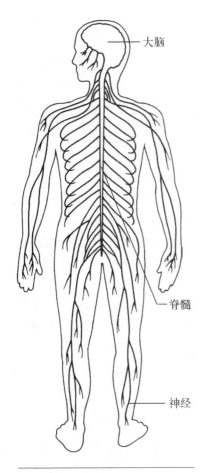

遵循着固定的模式
脊椎动物神经系统的设置遵循着固定的模式。

成了一个骨骼的中心轴柱,其余的骨骼全部由脊椎连接。内骨骼支撑脊柱并且保护着脊髓,以便于身体的每一个部分都有它专属的神经组。同样的,头骨为脊椎动物提供了一个框架,以容纳它们至关重要的感觉器官(眼、耳、鼻和舌),同时它像一个外壳,还可以起到保护大脑的作用。

正因为拥有如此复杂的身体结构,大脑或脊髓受伤的脊椎动物便失去了它们的生存优势。这就是为什么脊椎和头骨如此重要的原因。当然,对于无脊椎动物来说,神经系统和骨骼受到伤害,同样会威胁到生命,但它们却有能力繁殖数目庞大的后代,从而确保自身种族的生存发展。

> **知识窗**
>
> 头足动物和节肢动物属于无脊椎动物。它们有大脑和神经系统,但是没有脊椎和头骨来保护它们。鱼类、两栖类、鸟类和哺乳类都是脊椎动物。它们的脊髓和大脑隐藏于脊椎和头骨之中,被脊椎和头骨保护着。

章鱼

真菌类

因为真菌不能够自行制造食物，所以它们依赖现有的营养源为生。这些营养源来自死亡的或者活着的生命体中的有机物质。大多数真菌以腐烂的有机物质为食物，并且在分解动植物尸体的过程中起到重要的作用（分解作用），因此物质能够在环境中不断循环。这些真菌被称为腐生真菌。那些依赖活着的生物为生的真菌被叫做寄生真菌。其中一部分对寄主无害，另外一部分却会导致疾病甚至寄主死亡。一小部分真菌还可以和藻类共生，被人们叫做地衣。

真菌既不是动物，也不是植物。一些是单细胞结构；另一些具有不同结构的躯体，但是构成它们的细胞没有独立的细胞壁。大多数真菌都和植物一样，不能够移动。

真菌的主要部分被称为菌丝体。它是一种叫做菌丝的线状结构所组成的网络。菌丝穿透真菌的食物源并且吸收营养。真菌的菌丝体不会生长成某一个特定的形状，而是把菌丝伸展到食物供应最丰富的方向。当真菌已经成熟，开始繁殖的时候，它们生长出子实体，在子实体内含有孢子——一种像种子一样的细小结构。正是这些子实体区分了不同种类的真菌。

最简单的真菌是藻菌类。其中有一种叫做针状菌，能够产生别针形状的孢子。和藻菌类相比，子囊菌类是稍微高等一些的真菌。它们包括霉菌、酵母菌、羊肚菌和松露。这些真菌的典型特征就是能够产生像囊状的、有弹性的子实体。

最后是高等真菌——担子菌类。它们产生的子实体（担子果）包含有短棒一样的结构，叫做担子。这种高等真菌包括伞菌、蘑菇、马勃菌和檐状菌。

胭脂菌

小假鬼伞

地星尘菌

鸡油菌

檐状菌

牛肝菌

马勃菌

蜜环菌

紫腊蘑

131

很多种高等真菌都和树木有着共生关系，两者都可以在这种共生关系中获益。这些真菌具有特别的"根"，叫做菌根——环绕着树的根部。真菌从树木那里汲取养分，树木则因此更容易从土壤中吸收营养。

毒蝇伞
这是一种高等真菌，作为一种毒菌，广为人知。它是一种典型的伞菌和毒菌。

联合的力量

我们最熟悉的复合生物就是地衣，它一部分属于真菌，一部分属于藻类。生物体中的每一种都在合作中起到特有的作用。藻类部分含有叶绿素，因此能够进行光合作用，为两者提供食物。作为回报，真菌为藻类提供保护，因为它可以贮藏水分，还能够阻挡太阳光中有害的射线。

一些生物和其他生物发展出密切的合作关系，因此它们共同工作，或者作为复合生物生存。它们作为一个生物个体发挥功用，而不可能轻易离开彼此独立生存。这种关系被称为共生，它建立在共生的生物都能够从中获得益处的基础上。其中，每一种相关的生物都被称为共生体。这种复合生物的例子包括植物与植物共生、动物与动物共生以及动物与植物共生的组合。

在动物界中，僧帽水母是一个复合生物的成功例子。它身体的每一个部分都是由不同种类的水螅型珊瑚虫细胞组成的。通过彼此合作，珊瑚虫们一起移动、捕食、消化食物。这些不同种类的珊瑚虫如此密切地合作，以至于它们构成的这种复合生物甚至有它自己的学名，即僧帽水母（*Physalis physalis*）。

动物和藻类组成复合生物的例子中还包括些特定种类的海绵和水螅。虽然动物在这种合作关系中占主导地位，但一些种类的海绵和水螅仍含有藻类，这和地衣的构成有着同样的原理。作为藻类提供食物的回报，动物为藻类提供保护，以防其被蜗牛等水生的草食动物吞食。

此外，有些动物在它们的消化道中寄居着微生物。这些微生物可以让它们受益。据了解，很多食草的哺乳动物都和这样的微生物有共生关系。食草动物吃掉的草木中含有纤维素，这些微生物把纤维素分解为可以消化的化合物，从而使双方都可以获得营养物质。

知识窗

通过联合的方式形成地衣，真菌和海藻能够在其他生物无法生存的地方存活。例如，我们可以在岩石和建筑物的表面发现地衣，这些地方的养分是十分稀缺的，它们却能够生存下来。

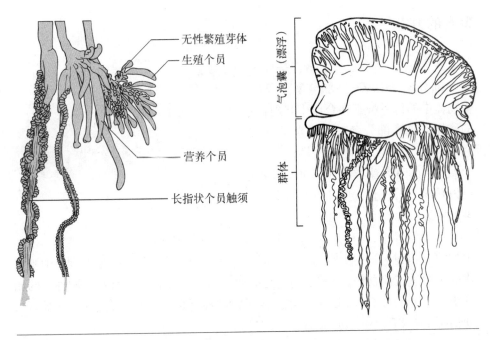

无性繁殖芽体

生殖个员

气泡囊（漂浮）

营养个员

群体

长指状个员触须

僧帽水母
无论外表如何，这种"生物"事实上是一个生命群体，不同的生物共同工作，一起生存。

没有种子，只有孢子

最简单的能够进行光合作用的生物是单细胞和多细胞的海藻。海藻有三大类——绿藻、红藻和褐藻。三种海藻都以海草的形式出现。

绿藻是最低等的真正意义上的植物，接下来呈现在进化阶梯上的就是苔藓植物，以苔藓或地钱为我们所知。与藻类不同，苔藓植物生活在陆地上，不过仍然需要潮湿的生长环境。它们没有合适的根，而是用线状的假根紧紧攀住地面。它们是典型的低高度生长的植物，可以在适当的地表形成天然的地毯或绒垫状绿植。地钱和苔藓都只能产生孢子，不能产生种子。

苔藓比地钱稍微高等一些，因为它们具有茎和叶，这表明它们已经处于植物进化中的第二阶段，即蕨类植物。蕨类植物包括链束植物、蕨属、木贼属、桫椤、石松、水韭和松叶蕨。蕨类植物是最早聚居在完全干燥的土地上的植物。像苔藓一样，蕨类植物成株仍然只能生成孢子而不是种子，但是它们发展出一个至关重要的特性，使它们的生存更加成功，那就是在它们长出的茎和叶片中导水细胞的出现。这意味着它们可以生活在干燥的地方，生长到树那样的高度，并且能够把水从地面传输到最远的枝端。除了通过孢子繁衍，很多蕨类植物还可以通过散播特殊的根来繁殖后代，这种特殊的根叫做根茎。它们从母体中拓展出来，在各个地方培养新的根束，因而整个地区都会分布着这种植物种群。在一些沼泽地带，根茎和孢子都不再是有效的繁殖手段，某些蕨类植物会从它们的叶子或叶状体上发出小芽。这些小芽落在水里，四处漂流，直到它们设法在一定距离之外扎根生存。

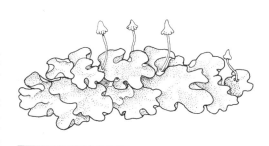

地钱

知识窗

　　低等植物产生孢子而非种子。孢子和种子一样含有长成新植物的遗传信息，但是孢子缺乏营养的供应。虽然不利于植物最初的成长，但是植物通过孢子繁衍时，却可以耗费较少的资源。

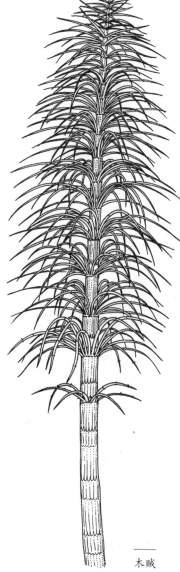

木贼

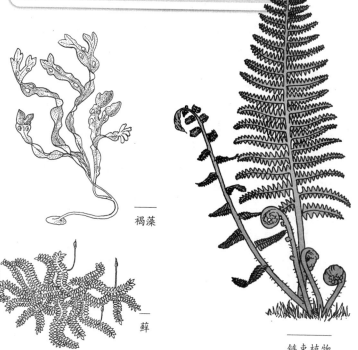

褐藻

藓

链束植物

135

裸露的种子

最早的种子植物是裸子植物。它们被叫做裸子植物是因为它们的种子没有外皮或外壳。裸子植物由一种木质的果实保护,称为球果。球果一直保护着种子,直到种子能够发芽成长。另外一种裸子植物会长出浆果样的果实,把种子包围起来。

裸子植物包括冷杉、松树、雪松、落叶松、云杉、美洲杉、柏树、铁杉、苏铁、刺柏、红豆杉、智利南洋杉、铁线蕨以及银杏等植物。

苏铁是最古老的裸子植物。它看上去和桫椤非常相似。当苏铁生长的时候,叶子会从树干上落下来,并且留下圆环形的伤痕。针叶树是裸子植物中最庞大的。常常被用来作为圣诞树的冷杉就是一个典型的代表。冷杉是常绿乔木,并且有针状的叶子,这些都是为了适应在干燥或是冰冻的土壤中生存而产生的结果。在这样的环境下,没有充足的水分供应,也没有足够长的生长季节,落叶乔木很难生存。大多数针叶林生长在北半球,尤其是北极圈附近和环地中海地区。在南半球偶尔也会发现一些针叶林,一个广为人知的例子就是生长在安第斯山脉的智利南洋杉。智利南洋杉俗称猴谜树,因为它独特的叶片而得名。猴谜树的叶尖锋利并且呈环状排列,使猴类很难攀援,故而得名。

银杏树又叫做白果树,是一种产于中国的裸子植物。它从远处看上去像是一株果树,尽管如此,它却有着不同寻常的叶片,叶片的形状像是一把扇子。因为这个原因,银杏树在中国也被称为鸭脚树。

有一目被称为买麻藤的裸子植物似乎代表了裸子植物进化到被子植物的过渡。它们有像被子植物一样的叶子,但是它们仍然会长出带有种子的球果。

红豆杉

知识窗

刺柏和红豆杉在进化过程中形成了传播种子的技巧,而这些技巧在被子植物之中更为普遍。它们用一层肉质厚实的组织包围着种子,吸引那些饥饿的鸟类。鸟类完整地吞下这些种子,然后在离开母树一段距离之后,把它排泄出来。这时,种子就可以发芽了。

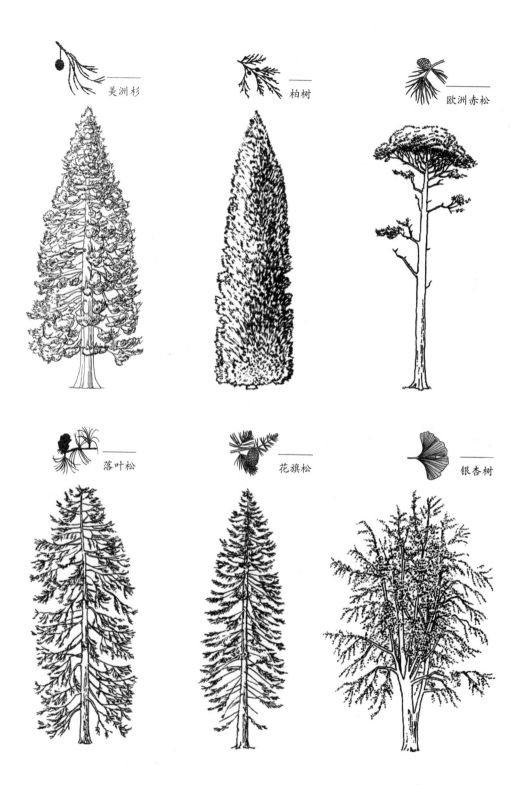

美洲杉

柏树

欧洲赤松

落叶松

花旗松

银杏树

包含在果实内的种子

"开花植物"这种形容，虽说没错，但并不仅限于被子
植物，因为许多裸子植物也会开花。因而，"开花植物"的
学名被子植物，才是更合适的称呼。它的意思是"被包含
在内的种子"。因为被子植物的种子常常具有一层保护外皮或外壳，也叫做种
皮。这些种子在尺寸上大小各异，从细小的微粒到硕大的椰子。它们的尺寸并
不由植物自身的比例决定，而是决定于植物的传播方式——散布或传播种子的
方式——以及在每一个种子中母体分配的营养物质的多少。这里存在着一种平
衡，因为体形大的种子繁殖量少，并且不容易传播。但是在落地生根成长为新
植株的过程中，它会有更好的生存条件。

为了帮助种子的传播，植物用各种不同的方
式来包裹种子。大多数植物把种子封闭在一层

石榴（上图）
石榴是典型的被子植物的果实，展示
了被子植物的一般特点。我们可以清
晰地看到石榴内部被裹住的种子。

香蕉（左图）
这种像手掌一样的植物是最古
老的被子植物的一种。

又一层的果实中。果肉对于动物来说，是令人垂涎的食物。当动物吃掉果肉的时候，它们同时把种子从母株带走。种子可能会被丢弃在地面，也可能经过动物的整个消化系统，最后被排遗出来。坚果使用了同样的策略。一些坚果被动物吃掉或毁坏；另外一些被遗忘的种子则埋在土里，被种植下来，并且准备生根发芽；还有一些种子，被风吹走，或者暂时黏附在路过的动物的皮毛上，被带到远处，再生根成长。

根据种子的结构，被子植物分为两大类：单子叶植物（一片子叶）和双子叶植物（两片子叶）。子叶是种子的胚芽的一部分，在种子开始发育生长的时候，它作为临时的叶片（即子叶）出现。

草类
这些是常见的单子叶
植物的典型种类。

报春花
花园中的花大都是双子叶植物的成员。

知识窗

　　相比之下，单子叶植物要稍微低等一些，包括各种草类、百合和棕榈。双子叶植物则是一个更大的族群，包括所有的阔叶乔木、灌木和很多花科植物，例如甘蓝、毛茛、石竹花、酸模、胡萝卜、樱草花和雏菊，这里只是列举了几种最常见的双子叶植物。

第三章

进化的根据

植物和动物的分类

> 进化是一个随机的、偶然的过程。为了更好地研究这些生物,科学家把它们分入了不同的类别。

　　最早尝试为生物分类的科学家是瑞典植物学家卡罗鲁斯·林奈。他在1753年发明了一套根据外在的相似性来为物种分类的系统。他引进了现在已经广为人知的、科学的拉丁双名法(针对类别和物种),例如人类的学名——智人(*Homo sapiens*,意为"聪明的人类")。1789年,一位法国植物学家安托万·德朱西厄改进了这套系统,把对比物种的内在结构和外观结合起来。1813年,一位瑞士植物学家奥古斯丁·德堪多将这套系统命名为"生物分类学分类"。

　　从那以后,这套系统随着科学家新的发现而进行了几次调整。其中一次的发现就是没有亲缘关系的物种可能同时存

羚羊和袋鼠
从分类学和遗传分类学的角度,羚羊和袋鼠都被归类于哺乳动物。羚羊是胎盘动物,而袋鼠是有袋动物,它们拥有共同的食草动物祖先。

　　没有亲缘关系的物种虽生活在不同的地方，但是生活环境相似，因而发展形成了相似的特性，这种现象就是趋同演化。生活在澳大拉西亚（一般指澳大利亚、新西兰及附近南太平洋诸岛，有时也泛指大洋洲和邻近的太平洋岛屿）的有袋动物中，很多种类和生存在其他大洲的胎盘动物有着相似的进化方式。

虎猫和袋鼬

虎猫（左图）是胎盘动物，而袋鼬（右图）是有袋动物。两者都生活在森林中，会袭击小动物。

在着相似特性，这种现象被称为趋同演化。另一方面，拥有亲缘关系的物种可能在成年后具有不同的外形，但是却会在发展中显示出相似性。人们把这种特点叫做重演。例如，甲壳类动物的幼虫看上去十分相似，但是成虫却可能像螃蟹和藤壶一样有天壤之别。因此我们可以清楚地认识到，物种的分类法分类可能不是十分精确，因为它依靠的是科学家的观点。这个问题促使分类法分类出现了现代形式，即遗传分类学。遗传分类学把重点放在物种在进化

食蚁兽和袋食蚁兽

虽然这两种动物都专以蚂蚁和白蚁为食，但是它们并没有亲缘关系，并且生活在不同的大陆上［食蚁兽（左图）生活在美洲，而袋食蚁兽（右图）生活在澳大利亚西南部］。

中的关系上，这种关系显示在化石证据和对活着的生物的分子学研究中。它比较了所有的解剖学特征，以相似的通过继承获得的特性组合把生物划分为不同的进化支。1950年，一位德国昆虫学者威利·亨尼希最先概括地描述了这些规则。遗传分类学比对纲、目、科等特征的分类更加精确地显示了一种生物与另外一种生物之间的关联，因此被现代科学广泛采纳。它使用分支的图表，叫做进化分支图。这套系统通过融合传统方法与新方法而更具有可操作性。

各归其位

分类学分类系统采用对不同生物类别进行分层的结构，通过反复地划分而形成图表，这份图表叫做生命图谱。

生命图谱分为主干、分支和末梢，所以每一种动物或植物都归属于它自己的组群所在的系列，从生命图谱的主干到末梢展示了这种从属的关系。因而我们能够从视觉上理解不同物种之间的关联。

最大的组别是界——例如动物界和植物界（两者都属于真核生物，包括古菌和细菌在内的真核生物常常被认为是更高层次的分类——人们称之为"域"）。传统的组群包括门、纲、科、属，一直到种。以人为例，它在生命图谱中所属的位置顺序依次为界：动物界；门：脊索动物门；纲：哺乳动物纲；科：人科；属：人属；种：人种。

鳄鱼
鳄鱼科的成员是和鸟有亲缘关系的爬行动物。

传统分类学依靠化石和活着的物种，寻找可以观察到的相似性来建立进化中的联系。而遗传学则是全面而详尽地比较所有生命体结构上的特性，并使用化石和分子学证据来寻找生物可能共同拥有的祖先。遗传学现在已经被广泛地接受和认定，它在科学性上更加精确，但是有时却会得出出人意料的结果。例如，陆生脊椎动物不是划分为两栖纲、爬行纲、鸟纲和哺乳纲，而是被划分为两栖类、哺乳类、龟类、鳞龙类（蜥蜴、蛇、喙头蜥）、鳄类（鳄鱼、短吻鳄和恒河鳄）和鸟类。因此，鸟类和鳄鱼从遗传学的角度都属于爬行动物，这也确定了鸟类是恐龙后裔的观点。

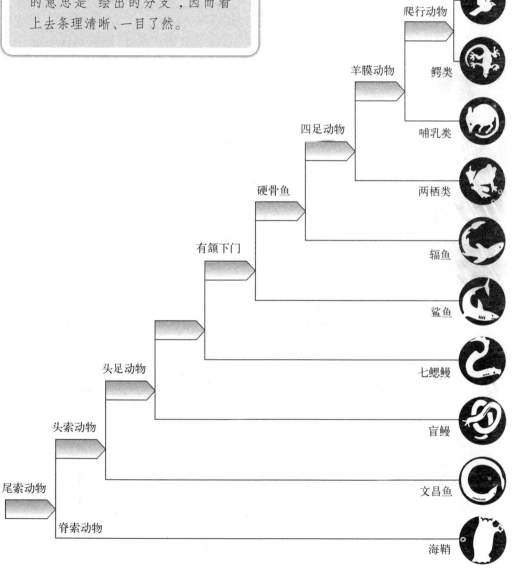

尾索动物

头索动物

头足动物

有颌下门

硬骨鱼

四足动物

羊膜动物

爬行动物

鸟类

鳄类

哺乳类

两栖类

辐鱼

鲨鱼

七鳃鳗

盲鳗

脊索动物

文昌鱼

海鞘

进 化

进化的发生是具有偶然性的,但是它确保了生命在面临生存环境发生变化时能够存活下来。这个词本身是在1852年由英国自然哲学家赫伯特·斯宾塞所创。它源于拉丁语evolvere,意思是"展开"。

在18世纪初期,一些人意识到动物和植物都能够不断地发展进化——因为化石和活着的生命体并不相同。1809年,法国生物学家让-巴蒂斯特·拉马克第一次提出系统的理论来解释这种现象。他认为动物可以在日常生活中获得新的特性,并且把这些特性传递给子孙后代——就像一名运动员通过训练而形成了强健的体魄,然后他就会生出先天身体很强壮的后代。这种观点表面看上去很符合逻辑,实际上却是没有科学依据的。因此,随着1859年英国博物学者查尔斯·达尔文发表了他的理论之后,这种被称为拉马克主义的观点最终被人们否定。

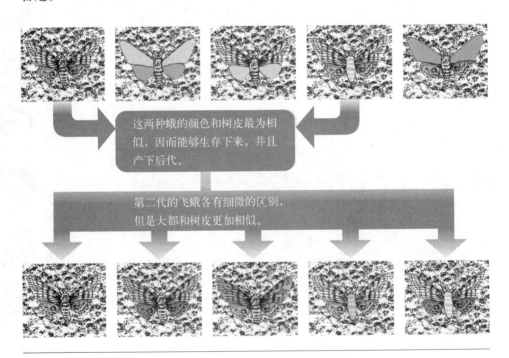

这两种蛾的颜色和树皮最为相似,因而能够生存下来,并且产下后代。

第二代的飞蛾各有细微的区别,但是大都和树皮更加相似。

自然选择的实例

能够生存下来并繁殖后代,这样的生命就是被自然所选择的,用来延续这个种族的生命。

白臀蜜雀

镰嘴管舌雀

镰嘴雀

回顾历史

在达尔文之后，进化论一直受到科学发展的影响。一方面，人们了解了更多进化背后的机制——遗传学；另一方面，一些新的观点不断涌现，完善了进化论。例如，有一种关于平衡是不断被打破的理论指出，进化发生在合适的时机，并且具有突发性——跳跃前进。

鹦嘴管舌雀

科纳松雀

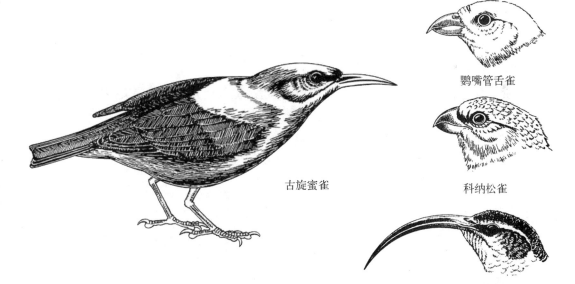

古旋蜜雀

长嘴导颚雀

旋蜜雀

从旋蜜雀的喙的多样性，我们可以充分看到进化的分支。它们中的每一种都进化自远古的祖先，以便获取更充足的食物。

毛岛鹦嘴雀

145

达尔文主义和拉马克主义不同，它阐明了动植物新的特性是从父母身上继承而来的，而不是从日常生活中获得的。达尔文提出，属于同一种类的动物和植物都会有细微的区别，这就是进化的秘密所在。一些个体获得了能够更好地适应环境的特性，因而更容易在自然界生存。结果，这个物种就以"适者生存"的方式，随着时间的流逝而逐渐进化。他在《物种起源》中阐述了他的理论。从那以后，所有收集到的科学依据都证明了达尔文的观点是正确的。因此，为了纪念他的杰出发现，达尔文被称为"进化论之父"。

进化论

达尔文出身名门世家，是一名自学成材的博物学者。1831—1834年，他以博物学者的身份登上了英国皇家海军小猎犬号考察船，进行环球航行。在航行期间，他构思了自然选择的观点，并且开始收集科学依据来支持他的理论。尤其是去往南美洲赤道地区的科隆群岛之行，更是极大地鼓舞了他的热情。他发现每一个岛都有其特有的龟类和雀类，且每一种龟和雀似乎都起源于同种原始的龟类和雀类。回到英格兰之后，他继续艰苦地搜集证据，用驯服的鸽子来证明人工选择可以以同样的方式使动物进化。

华莱士同样是一名自学成材的博物学者，但是他并不像达尔文那样出身望族。他对自然历史颇有兴趣，以出售外来动物给英国的收藏家和动物园为生。在东南亚的一次远行中，他偶然意识到了自然选择的观点。他对此感到十分激

阿尔弗雷德·拉塞尔·华莱士

查尔斯·达尔文

虽然在英国博物学家查尔斯·达尔文之后，人们常常把进化论等同于达尔文学说。但实际上，自然选择的基本原则是由与达尔文同时期的另一位英国博物学家阿尔弗雷德·拉塞尔·华莱士独立发现的。

动,并在1858年写信给达尔文,询问这一观点从科学角度看待的可信性。

当达尔文收到华莱士的来信时,他已经为他的理论进行了25年的辛勤工作,但是还没有出版。在那个宗教至上的年代,他知道他一定会面临来自他所在的上流社会的阻碍,因此他更想要完全证实他的理论,在那些批判和嘲讽面前捍卫自己。无论如何,华莱士的来信促使达尔文采取行动。1859年,他出版了他的著作《物种起源》。

海鬣蜥

加拉帕戈斯鬣蜥
海鬣蜥已经脱离了陆鬣蜥,发展成为世界上唯一的咸水蜥蜴。

陆鬣蜥

回顾历史
达尔文曾几乎成为一名神职人员,直到他登上了英国皇家海军小猎犬号考察船。他了解进化论的全部内涵,也理解随之而来的对亵渎上帝行为的控诉。他的余生一直受到焦虑症的困扰。

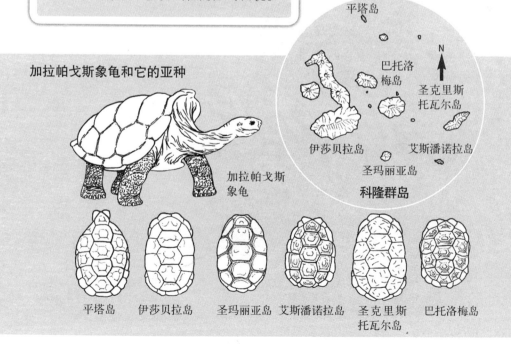

加拉帕戈斯象龟和它的亚种

加拉帕戈斯象龟

平塔岛

巴托洛梅岛

N

圣克里斯托瓦尔岛

伊莎贝拉岛

艾斯潘诺拉岛

圣玛丽亚岛

科隆群岛

平塔岛　伊莎贝拉岛　圣玛丽亚岛　艾斯潘诺拉岛　圣克里斯托瓦尔岛　巴托洛梅岛

生命编码

奥地利生物学家格雷戈尔·孟德尔总结：一定有看不到的信息模块从植物的母株被递送到它们的后代中。他把这些模块叫做"微粒"。孟德尔在1865年发表了他的研究成果，但实际上他一直默默无闻。直到1900年，两位植物学家重新发现了他的成果。当时，显微镜的投入使用已经开始揭示细胞核的结构。"染色体"这个词，是在1888年被创造出来的。1909年，一位荷兰植物学家威廉·约翰森第一次把孟德尔的"微粒"称为"基因"，遗传学从此诞生。"基因"这个词源于希腊语单词genos，意思是"后代"。

第二年，也就是1910年，一位美国遗传学者托马斯·亨特·摩尔根证实了染色体在遗传中所起的作用。到1950年，构建基因的分子已经被确认并被命名为脱氧核糖核酸（DNA），但那时，它的物理结构还没有被揭示。

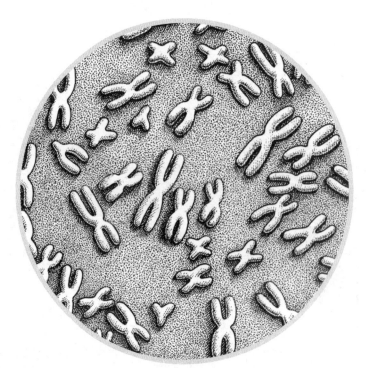

人类的染色体
储存动植物生命密码的分子——脱氧核糖核酸（DNA）很长，因此需要结集成束，形成染色体。这样它们在细胞核中会占据比较少的空间，并且可以避免彼此之间互相缠结。

1953年，这项工作取得了突破性进展，英国生物物理学家弗朗西斯·克里克和美国的生物学家詹姆斯·沃森提出了一个DNA结构模型。这个模型建立在脱氧核糖核酸的X射线晶体学研究的基础上，其实是由英国科学家罗莎琳德·弗兰克林和莫里斯·威尔金斯操作实验并收集数据。

DNA模型类似一架梯子扭转起来，形成一个双螺旋结构。每个横档由一对分子组成，这对分子含有下面四种组合中的一种：腺嘌呤—胸腺嘧啶，胸腺嘧啶—腺嘌呤；鸟嘌呤—胞嘧啶，胞嘧啶—鸟嘌呤。每一种生物所含有的这四种组合的比例和顺序都是独一无二的。因此，DNA是用一种双重二进制的形式来储存信息的，而它的分子不得不拥有相当的长度来储存构建一个生命体所必需的信息。因为这个原因，每一条DNA分子链都会反复盘绕以便于节省空间，并防止损伤。

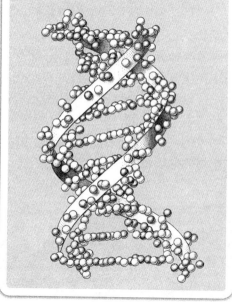

知识窗

虽然脱氧核糖核酸（DNA）储存了构成一个生命体所需要的全部信息，另外一种分子结构也同样能够达到这样的作用。核糖核酸（RNA）扮演的是信息传递者的角色，把信息片断从脱氧核糖核酸传送到其他部位，这样，氨基酸才能够合成蛋白质。

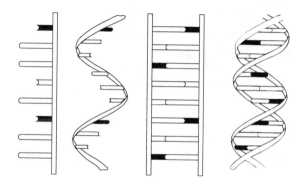

脱氧核糖核酸（DNA）的双螺旋结构
脱氧核糖核酸（DNA）能够储存复杂的信息，是因为它具有一个非常简单的、阶梯状的结构，被人们称为双螺旋结构。

生存和灭绝

有如此多的植物和动物想要在自然界中生存，其中一些物种不可避免地随着时间的流逝而被淘汰，除非它们能够随着环境的改变而迅速适应。

这种适应被科学家称为"到达进化的死胡同"。一些物种停留在最初状态，直到变得不再适应新的生存环境；另一些物种则演化出众多不同以往的特性，发展成为新的物种。后者中的一部分发展成为如今生存于世的物种。但无论哪一种方式，那些原始的物种都已经灭绝。

当科学家们谈论环境的变化时，涉及了众多因素。最明显的变化就是那些突发的、引人注目的变动，例如地震、火山爆发或流星体袭击。虽然这些变化也会导致物种的灭绝，但是那些细微的、渐进的改变却会在一段相当长的时期内，对生存环境产生更大的影响。

气候的变化会导致两极地区的扩张和收缩、大陆板块的分裂和地球磁场的变化，这些都对动植物的生存有着意义深远的影响。因为所有的生物都是彼此联系着的，一个物种数量的减少会直接导致其他物种的增加或减少。自然界的平衡是非常脆弱的。

三角龙
这仅仅是现在已经灭绝了的数以千百万计的物种中的一种。

当代

平面区域代表着灭绝的物种

瓶颈代表着远古的物种幸存下来

现有的物种是由其远古祖先演化而来的。实际上，这些生存下来的物种是非常幸运的。因为，在众多的生物中，可能只有一种能够幸存下来，发展成为如今的新族群。例如，恐龙一定是源于某一祖先，而其他有亲缘关系的物种则全部灭绝了。哺乳动物也经历了同样的演化过程，它们也拥有共同的祖先。类似的，远古时期的某一种恐龙逃离了灭绝的命运，演变成了今天的鸟类。

"活化石"这个术语常常用来描述那些从远古时期到当代一直都没有发生太多变化的物种。此外，它还用来描述那些在同类中硕果仅存的动植物代表。它们生存下来的事实证明了它们曾经多么完美地适应了它们的生存环境，或者说，从远古时代起，它们的生存环境发生的改变多么细微。

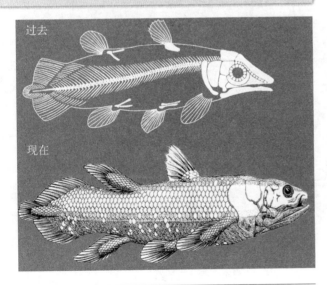

过去

现在

腔棘鱼
现在生存的腔棘鱼和化石标本之间只有极细微的区别。

过去和现在

在动物界中，这种演化最有代表性的例子是腔棘鱼（矛尾鱼，又称拉蒂迈鱼，是唯一已知的活着的腔棘鱼种类）。腔棘鱼属于脊索动物的一种（脊索动物后来演化为陆生脊椎动物）。人们一直以为腔棘鱼已经完全灭绝了，直到1938年，第一份腔棘鱼标本被送交科学界。相当数量的腔棘鱼个体被捕捉到，它们似乎生活在马达加斯加岛和非洲大陆之间远离火山岛的海洋深处。显然，从最初有腔棘鱼生活的泥盆纪开始，这样的生存环境在过去的3.8亿年中一直保存良好而没有发生什么改变。

在植物界，最广为人知的例子则属银杏树（或称白果树）。银杏树是一个古老的植物家族中仅存的成员，这个科的植物记

在无花植物中，有很多化石看上去非常相似，一些关于史前生活的电影和电视节目常常以它们为背景。特别是关于恐龙的影片，尤其喜欢使用桫椤和苏铁作背景。

过去

现在

载了从裸子植物到被子植物的演化过程。银杏树原产于中国，从大约1.5亿年前的侏罗纪至今，幸存下来的银杏树只发生了相对的、极其细微的变化。

除了银杏树之外，还有很多种植物和动物族群与它们的原始形态很相似，几乎没有发生变化。大量的无脊椎动物和它们的化石都很相似。经过了千百万年，那些被封在琥珀中的化石——大部分是昆虫和蜘蛛——看上去仍几乎就是那些活着的生物的精致复制品。此外，鲨鱼和鳄鱼的形态也同化石所记载的它们的祖先极其相似。

银杏树
在银杏树的近亲已经灭绝几百万年之后，它仍然拥有同蕨类植物一样的叶子。

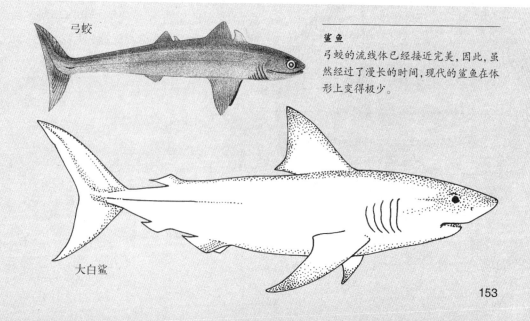

弓蛟

鲨鱼
弓蛟的流线体已经接近完美，因此，虽然经过了漫长的时间，现代的鲨鱼在体形上变得极少。

大白鲨

变化的力量

一直以来，地球自然环境的变更是自然选择的基础。因此，随着生物彼此竞争食物源、生存空间、配偶等生存条件，自然选择就会促使物种向更高等的形式发展演化。这种现象被描述为"自然军备竞赛"。在这场为了驱逐彼此而进行的持久争斗中，各种不同的生物都被牵涉在内。由于各个物种的进化过程都十分相似，因而整个进化演变的过程是非常迅速的，所有的物种都被限定在一个持续的进化周期循环之中。

无论动物还是植物，在一个生存空间中的所有物种都是这个生存空间环境或特征的一部分。因此，进化环境的改变包括有机体自身对环境产生的影响。这种影响被称为有机动因或有机动力。除了有机动力之外，还有无机动力。它们是天气和地理条件变化产生的结果。无机动力既可以发生在一个小范围，也可以发生在一个大的区域；既可能突发，也可能缓慢地进行；可以是暂时的，也可以是持久的。这些都取决于它们所属的自然环境。

从一个例子中，我们可以看到有机动力带来的自然环境的变化，那就是细菌通过这种方式把地球的原始环境转换成为富含氧气的环境，在千百万年之后，使动植物的产生和生长成为可能。无机动力带来的自然环境的变化以板块构造等地质进程为代表。板块在地球表面移动、断裂或者碰撞，使森林变成沙漠、沙漠变成草原、海岸变成山脉。

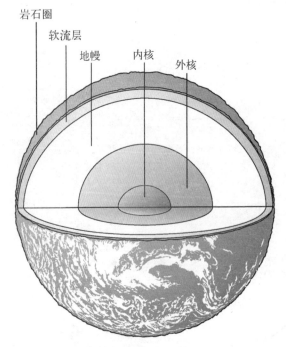

岩石圈
软流层
地幔
内核
外核

地球的结构
这幅图表明，地球实质上是一个由炽热的液体所构成的球体，被一层固体外壳所包围。这样一来，因为内部物质的运动，这层外壳也一直在不停地变动，这就是大陆移动的原因。

　　其他的无机动力包括大冰期的各种冰川运动。地球的倾斜角度和轨道会发生变化，这些变化结合在一起就导致了大冰期的到来。由此，这颗行星的环境处于寒冷和温暖的不断交错变化中。大冰期往往持续上万年，因而对动物和植物的进化产生了极大的影响。

2亿年前

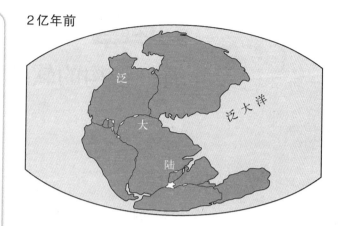

1.35亿年前

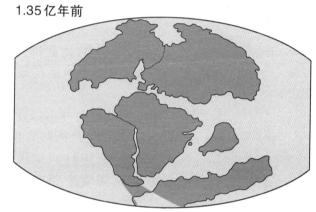

今天

移动的世界
自史前时期开始，大陆的位置已经有了极大的变化。直到今天，大陆板块仍然在移动。

第四章

简单结构的软体动物

软体动物和简单的结构

软体动物通常被分为三个门：多孔动物门（海绵）、刺胞动物门（珊瑚虫、海葵和水母）和栉水母动物门（栉水母）。几乎所有的种类都生活在海洋环境中，只有少数几种能够适应淡水。

海绵看上去并不像动物。古希腊哲学家亚里士多德最早意识到了它们具有某些动物特性，但是他的观点并没有得到重视，直到19世纪科学的发展能够提供决定性的证据。在中世纪，海绵甚至被认为是凝固成块状的海泡石。海绵在尺寸上的差异十分引人注目，它们从其生活的水中过滤养分为生。为了过滤养分，海绵通过一张由管道和孔洞组成的网络把水分抽取到数以百万计的领细胞室内，这张网络就叫做水沟系。

珊瑚虫、海葵和水母有着共同特性，它们的生命周期都包含两种生物形态：水螅型和水母型。水螅型的个体是一个潜伏的生命体，它把自己固定在某一物体的表面上，使用口边环绕的触手来获取食物；水母型则是一个可以自由游动的个体，身体发育成熟，管状的口周围环绕着触手。我们熟悉的水母是它的水母型，而我们熟悉的珊瑚虫和海葵则是它的水螅型。不论是水螅型还是水母型，它们的触手都由带刺的细胞来武装，这些细胞叫做刺细胞，可以使快速移动的捕食者身体麻痹。

正如我们所猜测的那样，最古老的多细胞生物只有非常简单的结构。虽然它们是由分化出不同功能的各种细胞组成，但是这些细胞并没有高度的分化。并且，尽管其中一些动物的体内或者体外具有坚硬的结构，但是它们一般都属于软体生物。

珊瑚虫

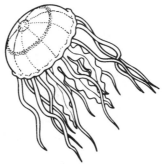

水母

海葵

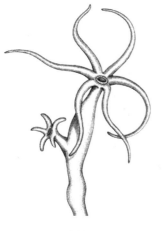

水螅

海绵

软体动物

因为很多种软体动物都生活在水中, 它们逐渐演化出了完美的身体形态, 并不需要骨骼来支撑它们的身体。

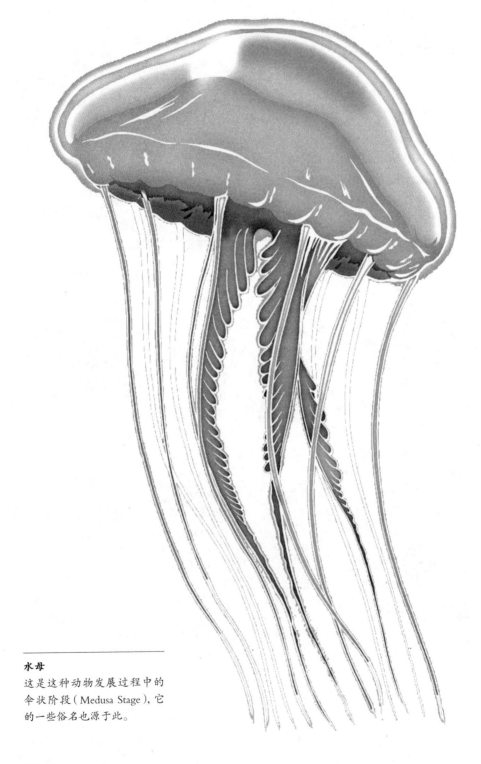

水母

这是这种动物发展过程中的
伞状阶段（Medusa Stage），它
的一些俗名也源于此。

蠕 虫

蠕虫是一组由不同生命形式组成的动物群体。它们被称为蠕虫是因为它们都拥有细长的、柔软的身体。

蠕虫分为简单蠕虫、管状蠕虫和复杂蠕虫,其中每一种都由很多门构成。简单蠕虫包括扁形虫、纽虫、蛔虫和棘头虫;管状蠕虫包括内肛动物、苔藓虫和马蹄虫;复杂蠕虫包括星虫、螠虫和节虫。

扁形虫这个名字是因为这种蠕虫的横截面具有扁平的轮廓。少数几种扁形虫居住在水体的底部,而大多数是高等有机体的寄生虫。例如,链状带绦虫就是寄生于人体的。纽虫是带状的,并且在长度上有非常明显的差别,大多数纽虫生活在咸水或淡水环境中。蛔虫很小,生活在水生或陆生环境的泥或土壤中,有一部分是寄生虫。例如,棘头虫适应环境而成为脊椎动物的内脏寄生虫。

星虫具有球根状的身体,让人联想起花生结出的花生豆荚,它们在海底的泥和沙子中掘穴和进食。螠虫的典型特色就是像香肠一样的外形和一个羹匙状的喙,大部分生活在海底的洞穴中。刺螠以为其他生物提供庇护和食物著称——比如另一种蠕虫、蛤蜊、虾虎鱼和两种螃蟹。节虫是最高等的蠕虫,它包括蚯蚓、沙蚕、海老鼠和水蛭。节虫生活在海洋、淡水或陆地环境中,它通过环形的结构和纵向的肌肉推动自身向选定的方向前进。

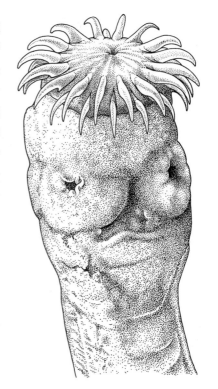

绦虫
这是一种头上有钩子的寄生虫,它用钩子把自己贴附在脊椎动物的肠道内部。

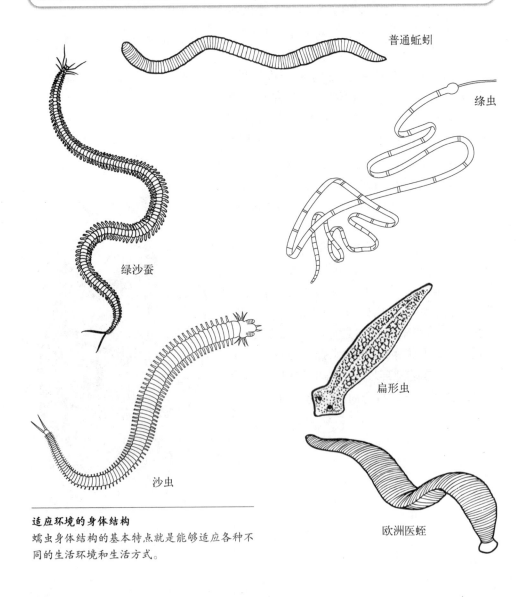

普通蚯蚓

绦虫

绿沙蚕

沙虫

扁形虫

欧洲医蛭

适应环境的身体结构

蠕虫身体结构的基本特点就是能够适应各种不同的生活环境和生活方式。

160

蠕虫状的生物

水熊（缓步动物的俗称）之所以得到这样的名字是因为它们的身体像熊一样圆滚滚的，还有四对带有脚爪或脚趾的粗短的腿。 在400余种缓步动物中，没有一种大于1.25毫米。它们是典型的居住在潮湿环境中的生物，生活在水中或陆地上的植物丛里。缓步动物像环节动物中的蠕虫一样，具有分节的身体，还有壳质的外骨骼。

须虫和节虫不同，它的身体分为截然不同的几个部分，而不是同样的环状结构。须虫头的那一端叫做前体，上面有很多纤细的触须——也就是"胡子"，颈部把头叶和躯干连接在一起，叫做中体，身体尾端叫做后体。所有的须虫都生活在海洋中，它们在海底建造一个壳质的管道，然后生活在这个管道中。

箭虫具有侧鳍和尾巴来帮助它们游泳，同时又使它们的外形看上去像一支缩小的箭。它们的头呈圆顶形，上面有带钩的环和牙齿。箭虫的眼部结构很简单，只能使它们辨别光线而已。它们平时的食物就是海上浮游的甲壳动物。

橡果虫主要有两种，一种和蠕虫极其相似，生活在海底的洞穴中；另一种则与苔藓动物、珊瑚虫很相像，生活在和珊瑚结构相似的管状结构中。前者的吻部由一条极窄的杆状结构和身体连接起来，外表看上去和橡果很相像。

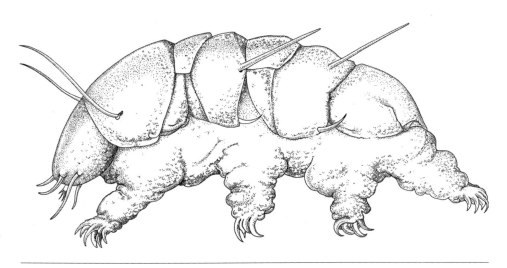

水熊

水熊，即缓步动物，这些个体和蠕虫不同，因为它们有附肢。

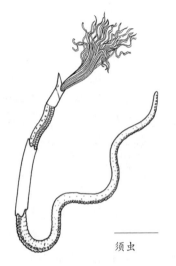

须虫

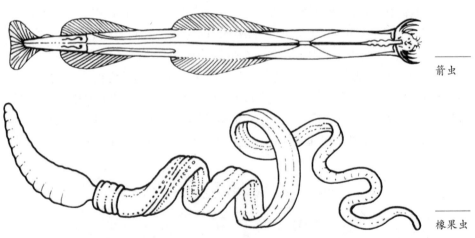

箭虫

橡果虫

水生及陆生软体动物

　　所有的软体动物都具有柔软的身体结构。但是它们常常拥有钙质（碳酸钙）的外壳保护它们不受捕食者的伤害。

　　软体动物门一共包括六个主要的类别，它们是单板纲（板贝）、多板纲（石鳖）、掘足纲（角贝）、腹足纲（蜗牛和蛞蝓）、双壳纲（贻贝和蛤蜊）和头足纲（章鱼和鱿鱼）。

　　板贝被认为是活化石，和化石所记载的软体动物的祖先非常相似。它们具有圆顶形的外壳，吸附在光滑的岩石表面。

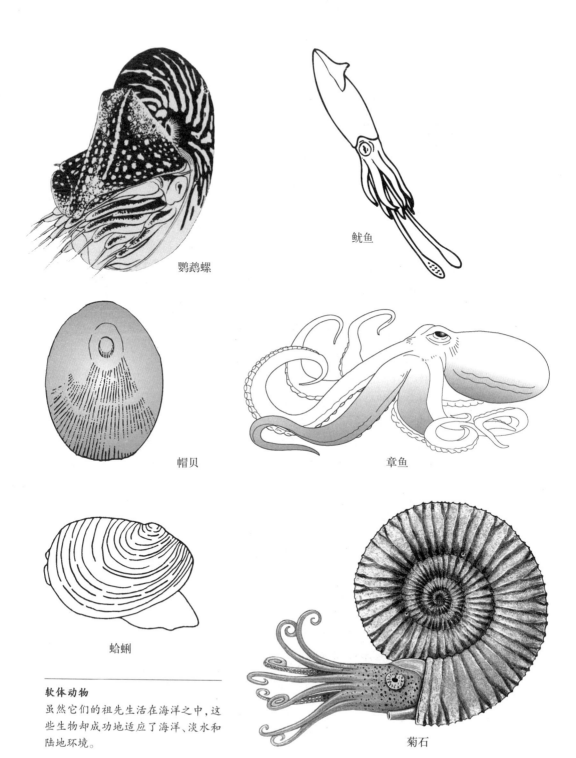

鹦鹉螺

鱿鱼

帽贝

章鱼

蛤蜊

软体动物

虽然它们的祖先生活在海洋之中,这些生物却成功地适应了海洋、淡水和陆地环境。

菊石

蜗牛

蜗牛的壳是为了帮助它们远离捕食者的伤害而演化来的。

石鳖的外壳是分节的，当它们被天敌追捕而无路可逃时，它们的外壳就会像潮虫一样卷起来保护自己。

角贝是一种生活在角状外壳中的软体动物。它们被埋没在含沙的海底，开口向下，通过一只肉足将它的外壳限制在原位。

蜗牛和蛞蝓——或者说所有的腹足纲动物——都是比前三种软体动物更加高等的动物。它们包括帽贝、蛛螺、蛾螺、宝贝、海蛞蝓、陆生蜗牛和蛞蝓以及静水椎实螺。在这些种群中，肉足成为它们适应水生或陆生环境的移动工具。不仅如此，它们的感觉器官也得到了很好的进化，可以用触手和眼睛来锁定食物、探测敌情。在腹足纲动物中，低等的生命具有圆顶形的外壳，高等的生命则具有螺旋形的外壳，而蛞蝓在进化过程中已经抛弃了它们的外壳。

双壳纲的动物因外形而得名——它们的外壳分为两部分，这两片壳可以合拢，保护壳内的软体部分。双壳纲的软体动物包括蚌类、扇贝、蛤蜊、鸟蛤、牡蛎和海笋等。其中一些种类能够靠喷射水流前进，但是更多的双壳纲动物则是在海底穴居，或是把自己固定在海底的一些物体上面。

另外一个门——腕足门——包括和双壳纲动物类似的一些生物。它们被称为灯贝，因为它们的双壳形状很像一盏古罗马时期的陶器油灯。

知识窗

　　在所有的无脊椎动物中，头足动物囊括了最聪明的和体形最大的物种。头足动物包括章鱼、鱿鱼、墨鱼和鹦鹉螺。化石记录表明，大量带有盘卷外壳（菊石）和直线形外壳（箭石）的头足动物生活在世界各处的海洋之中，这种繁盛一直持续到6 500万年前。鹦鹉螺是现有的一种带有真正外壳的头足动物。而其他种类则已经抛弃了外壳或者把外壳转化为内骨骼。

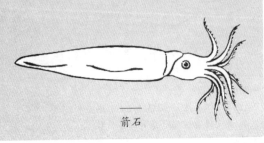

箭石

第五章

具有身体防护器官的简单生物

水生节肢动物

"节肢"的意思就是由关节连接起来的腿。这是因为节肢动物具有典型的由可铰合的关节连接在一起的肢体。这是在进化中为了适应环境而作出的改变，从而使具有外骨骼的动物能够正常地移动。

节肢动物不仅在水下生活空间占据一席之地，也适应了陆地上的生活。可水中却是它们最早生存繁衍的地方。实际上，很多陆生节肢动物——尤其是昆虫——其实是半水生的，它们在幼虫时期都居住在水中。在水生的节肢动物中，有几种主要的类别：剑尾目（鲎）、海蜘蛛纲、甲壳亚门和已经灭绝的三叶虫亚门。

鲎也被称为马蹄蟹，因为它们具有圆形的外壳，隐藏了它们的肢体，使它们看上去就像一只马蹄。鲎一共有五种，都被看做是进化留下的遗迹，而化石记录显示，历史上曾经有多达上百种的鲎。鲎生活在浅海的海床上。

海蜘蛛是一种非常奇特的生物，因为它们的器官大都位于腿部而不在身体里面。它们具有非常纤细的躯干，却有着不合比例的硕大肢体。海蜘蛛大概有五百多种，大部分以海葵的软

鲎
这种生物之所以被称为"活化石"，也许是因为它们在节肢动物产生后不久便出现在地球上，故而具有漫长的历史。

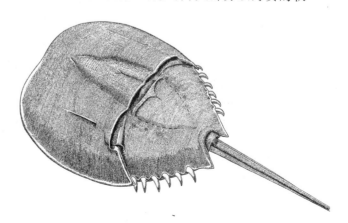

165

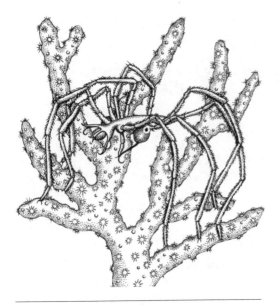

体组织或者其他类似的生物为食。

甲壳动物包括蟹、龙虾、对虾、褐虾、磷虾、藤壶、潮虫、桡脚类动物和水蚤。潮虫和一部分蟹是不同程度的陆生动物，而其余的动物都生活在咸水或淡水环境中。很显然，甲壳动物包括了数目繁多的各种形状和大小的生物，因而无法找到一个具有代表性的类型。但是它们仍然具有一些基本的共同特征，比如说，它们都具有两对触角，大多数种类有甲壳（身体的外壳）和腮——它们用腮从水中呼吸氧气。

海蜘蛛
陆地上的普通蜘蛛和这种生物没有丝毫的联系。

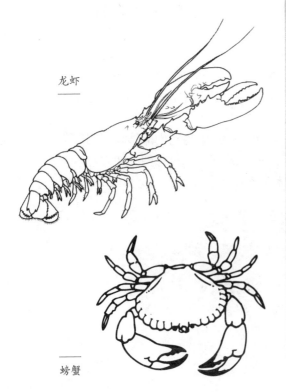

龙虾

螃蟹

回顾历史

三叶虫一直大量地在地球上生存，直到大约2.9亿～2.48亿年前的二叠纪时期。从化石记录上，我们大约可以辨认出1.5万种三叶虫的存在。自然而然，众多的种类在外形和体形上存在很大的差异。它们的基本结构包括头甲、胸甲、尾甲（尾巴）和两条沿身体纵向分布的凹槽，整个身体看上去是由三个部分组成的。

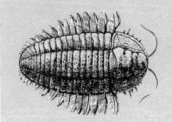

三叶虫

陆生节肢动物

在节肢动物中,有七种主要生活在陆地上,但它们之中也常常有一些成员会在水中度过生命中的某段时期。这七种节肢动物分别是:蛛形纲(蜘蛛、螨、蜱、蝎)、唇足纲(蜈蚣)、甲壳动物亚门(潮虫和蟹)、倍足纲(千足虫)、昆虫纲(甲虫、臭虫、蟋蟀、蜻蜓、蛾等)、少足纲和综合纲。

有爪动物门的天鹅绒虫可能是最古老的节肢动物。它们有着柔软的身体,看上去就像是毛虫和蠕虫综合的产物。化石记录表明,它们曾经生活在水中,它们似乎代表着从软体动物到蜈蚣、千足虫、少足纲和综合纲等节肢动物的过渡阶段,拥有与它们相似的身体结构。它们具有伸长的身体,由环节状结构组成,每一个环节上有一到两对足。

大多数甲壳动物都是水生动物,但是也有一些蟹的成体已经适应了陆地生活。唯一一种真正意义上的陆生甲壳动物是潮虫。它们通过产卵来真正实现陆生生活,幼虫在卵内发育成为成体的缩小版,在孵化之前称为蛹。

节肢动物也应包括最早在真正意义上适应陆地生活的动物们。在干旱的陆地环境中,失水是十分危险的。节肢动物能够生活在这样的环境中,是因为它们拥有不渗透的外骨骼,可以阻止水分从身体内流失。

蛾
这些昆虫是鳞翅目的代表物种,它们从被称为毛虫的幼虫状态长大。

蛛形纲的节肢动物为了弥补身体相对来说缺乏灵活性的不足——它们的头部和胸部被连在一起,而拥有多达四对眼睛。它们的眼睛生长在一个转轴上面,从而为自身提供全方位的视野。

一般来说,昆虫和蛛形纲动物非常相似,但是有两个显著的结构特征可以区分彼此。昆虫成虫的身体分为三个部分:头、胸和腹部;蛛形纲动物的身体只有两个部分,它们的头和胸不是分开的,而是融合在一起,形成一个叫做头胸部的部分,和腹部有明显界限地连接起来。昆虫有三对足,而蜘蛛纲动物有四对足。

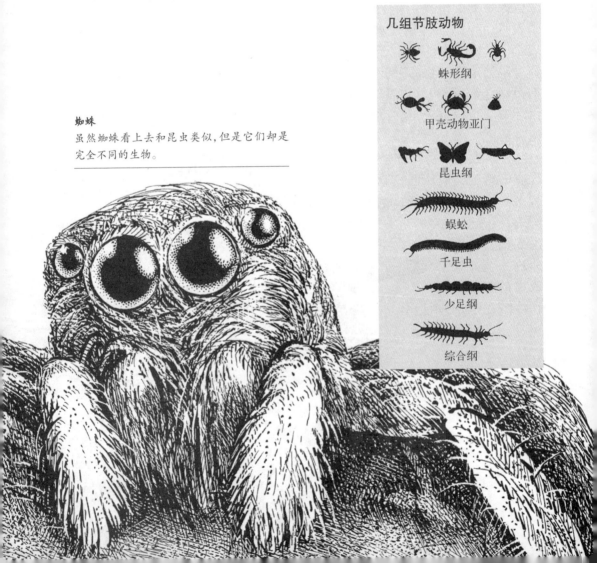

蜘蛛
虽然蜘蛛看上去和昆虫类似,但是它们却是完全不同的生物。

几组节肢动物

蛛形纲

甲壳动物亚门

昆虫纲

蜈蚣

千足虫

少足纲

综合纲

棘皮动物

第一眼看上去，也许会觉得这些动物彼此差异很大。但是外表是具有欺骗性的。实际上，它们具有相似的基本身体结构和其他特征。大多数动物具有左右对称的结构，这就意味着它们可以沿着一条中心线划分为左右两半，而这两半彼此互为镜像。棘皮动物则具有呈辐射状对称的结构，也就是说，它们的身体可以分成相似的小块，就像切开的蛋糕一样。一般说来，它们的身体可以分为五个相同的部分，还有一些种类则可以分成更多部分。

如果我们把海星的结构看成是这类动物的基本结构，那么我们就可以分析其他形式的棘皮动物是如何演化而来的。海胆是把海星的触手折叠起来，形成球形的身体结构。海参则是基于海胆

棘皮动物包括海星、海胆、沙钱和海参。

世界真奇妙

由于棘皮动物具有五辐射轴的对称结构，它们并没有头部。但是它们有一个位于中央位置的口，可以用管足把食物传递到口中。很多种棘皮动物以各种动物和生长在岩石表面的植物为食，但是海星只捕食贝类作为食物。

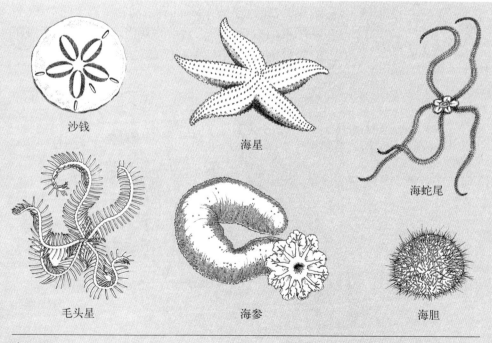

沙钱

海星

海蛇尾

毛头星

海参

海胆

棘皮动物
与其说棘皮动物是左右对称，不如说它们是呈辐射状对称的生物。对称性是这类生物的特点之一。

的形状的进一步演化,把球形的身体拉长成为黄瓜形。至于沙钱,则是把海星的触手压平,形成了圆盘的形状。

棘皮动物通过管足四处移动,它们具有成千上万的管足。管足其实是有弹性的触须,在行走时协调一致地行动。因此这些动物看上去就像是在它们居住的海床上滑行一样。棘皮动物的皮肤常常包括一层碳酸钙的骨板,这层骨板除了能够保护它们免于被捕食之外,还可以给它们结构上的支撑。除此之外,很多种类的棘皮动物还有保护性的叉棘。很显然,这些碳酸钙的骨板就是脊椎动物所具有的内骨骼的始祖,因为脊椎动物的骨头就是由碳酸钙和胶原蛋白构成的。显然现有的棘皮动物并没有被看做是这种进化中的连接纽带,因为与它们不同,脊椎动物只具有左右对称的结构。当然,棘皮动物的幼态也具有左右对称的结构。

由于具有五辐射轴的对称结构,棘皮动物没有头部,这也就意味着它们没有中枢神经系统。这一点随着低等的脊索动物的进化而改变。这种动物的成体是左右对称的。

低等的脊索动物

呈左右对称结构的生物具有一组神经系统,它们聚集在一起形成一条神经索——脊索动物因此而得名。脊索动物属于一个独立的门,叫做脊索动物门。但是低等的脊索动物则属于两个亚门:尾索动物亚门和头索动物亚门。第一种包括海鞘等被囊动物,第二种则仅有文昌鱼。

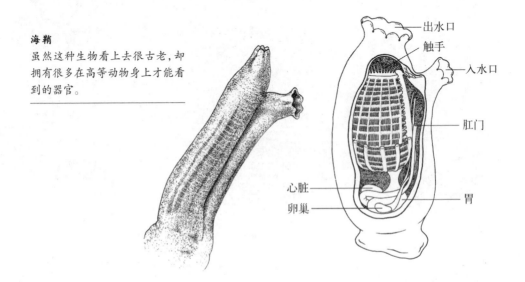

海鞘
虽然这种生物看上去很古老,却拥有很多在高等动物身上才能看到的器官。

出水口
触手
入水口
肛门
心脏
卵巢
胃

海鞘包括固定不动的海鞘和自由游动的海鞘两种形式,看上去有点像腔肠动物中的水螅和水母,但是它们没有环绕在开口附近的呈环状分布的触手。相反,它们具有在内部环状排列的触手,可以在它们吸入和吐出海水的过程中过滤水中的食物微粒。海鞘的神经索总是在幼体期出现,由一段软骨形成的支撑杆来保护,这就是脊索。

文昌鱼是比海鞘更加高等的脊索动物,它们和鳗鱼长得相似,但是没有鳍和头部。文昌鱼共有十四种,全部居住在海洋的底部。其中大多数在海底的土层中穴居,保护自己远离捕食者,但是必要的时候,它们也能够灵活地游动。为了达到这个目的,它们的身体上分布着成排的肌肉,叫做肌节。沿着后背的曲线,神经索由位于下方的坚韧的脊索支撑着。神经索的上面是一个像脊柱一样的隆起,叫做鳍条盒。

文昌鱼用它们的嘴来过滤食物微粒。这些微粒穿过整个消化系统之后从它们身体另一端的肛门排出。

知识窗

文昌鱼清晰地论证了高等的脊索动物是怎样发展演化的。它呈现出动物进化方向的基本特征,因此它只是进化到脊椎动物——鱼类、两栖类、爬行类、鸟类和哺乳类等——过程中一个相对简单的步骤。

文昌鱼
这种像鱼一样的生物勾画出脊椎动物进化的基本蓝图。

肌节

躯干

肛后尾

肛门　　围鳃腔孔　心房　　　　　鳃　　口笠

第六章
身体系统

植物和动物的养分

植物通过来自土壤的水分和来自空气的二氧化碳获得营养成分，这是因为大多数构成植物的分子都是碳水化合物。比如说纤维素，就是由碳、氧和氢等成分构成的。它们所需要的其他营养物质来自溶解在水中的矿物质，当植物吸收根部附近的水时，就可以获得，例如硝酸盐和钾盐。

动物比植物更加复杂，也需要更多种类的营养物质。大致而言，根据动物对食物的偏好，可以分为三类：草食性动物食

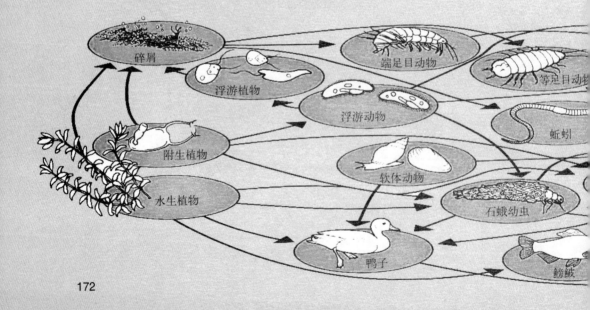

一张食物网
所有的消费者都在这食物链和食物网中起着自己的作用。

用植物;肉食性动物以其他的动物为食;而杂食动物既可以吃植物,也可以吃动物。实际上,大多数动物都是杂食动物,即使它们已经适应了某种特定饮食,它们还是能够不同程度地食用其他动物和植物。因为如果不这样做,它们会发现要从单一来源摄取足够的营养物质来维持生存是很困难的。例如,狐狸会食用浆果和树叶来弥补肉类食物的不足,而像鹿一样的食草动物则会食用毛虫和蚜虫以填补它们植物类食物不能提供的营养。

像獾和熊这样的动物因杂食受益,因为它们一年四季都能够找到食物。但

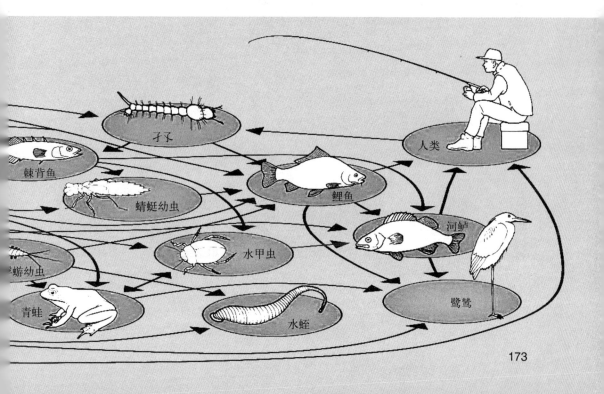

其他的动物常常需要来回迁徙以保证充足的食物源，或是在食物不足的时候冬眠以减少食物的耗费。

新陈代谢

新陈代谢这个术语描述的是发生在有机体内部、用来维持生命的化学过程。

新陈代谢主要有两种类型：同化作用和异化作用。同化作用就是简单化合物生成复杂的分子——像糖类、脂肪和蛋白质——的过程。异化作用是把复杂分子分解为简单化合物的过程。其产物的一部分用于同化作用，其余的部分则作为排泄物从生物体内排出。

植物主要的新陈代谢过程是光合作用。一种绿色的色素——也就是叶绿素利用阳光中的能量把水和二氧化碳转化成食物。在光合作用中，水被转换为氢离子和氧气。之后，氢离子和二氧化碳反应，合成碳水化合物分子，而产生的氧气则被释放出来。

对于动物来说，主要的新陈代谢是呼吸作用。呼吸作用是复杂有机物的氧化

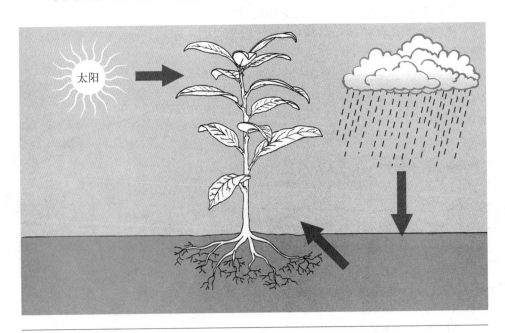

光合作用
这是植物制造食物的过程。

过程。血液把氧气从肺部输送到全身的细胞,之后氧气和有机物发生化学反应,分解有机物并产生能量。此外,这个过程还会生成无用的产物,也就是二氧化碳和水。呼吸作用产生的能量被用来保持动物的体温,使动物体内其他的生化反应能够持续进行,比如消化食物、产生新的细胞以及使肌肉正常运作等。

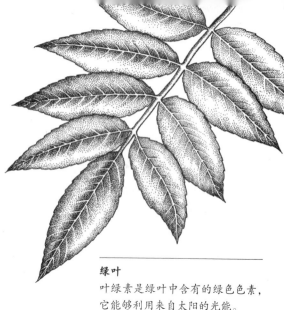

绿叶
叶绿素是绿叶中含有的绿色色素,它能够利用来自太阳的光能。

新陈代谢是一个循环过程。没有氧气,呼吸作用就不能够进行;没有了呼吸作用,动物就不能够消化食物。缺少了其中任何一项,都会破坏整个循环过程而导致生物的死亡。因此,生物具有感官和警报系统,以便于在必要的时候防止循环过程被破坏。实际上,如果新陈代谢的过程不能够有效地发挥作用,所有的生命都会终止。

知识窗

动物体内第二个阶段的新陈代谢过程包括蛋白质和脂肪分子的合成。在新陈代谢的过程中,呼吸作用是一个异化的过程,而分子的合成则是一个同化的过程。蛋白质分子是由一种叫做氨基酸的简单分子合成而来。脂肪是由碳氢化合物构成的一系列分子链,是一种储存能量的方式。

氧化反应　　　　　　　　　　　产物

糖 ＋ 氧气 ➡ 水 ＋ 二氧化碳 ＋ 能量

来自食物　来自肺　　　　通过肺呼出身体　身体的温暖和运动

蟋蟀的呼吸孔

呼吸作用
蟋蟀(左图)的腹部有一些小孔,这些小孔叫做呼吸孔,是用来从空气中呼吸氧气的。和蟋蟀不同,蜘蛛(右图)的身体中有一个小室,里面是像书页一样呈层状的组织,可以用来吸收氧气。

蜘蛛的书肺

支撑和保护

动物和植物都需要身体层面保护和支撑自身的方法。细胞壁就是最基本的保护方法，一方面，它作为一个袋子，容纳了细胞内的所有成分；另一方面，它使细胞具有了三维的外形。这一点对于任何细胞都适用，无论它是一个独立的有机体还是组成一个庞大有机体的千百万个细胞中的一个。

由于很多原始的生命都是水生的，它们并不需要坚硬的骨骼，而是通过细胞间的压力来保持它们的外形。这就是流体静力学。

当动物开始需要在海底移动或者穿过某些物质的时候，身体结构的支持便成为工程学问题。蠕虫最早演化出了能够蠕动的纵肌和向心收缩肌——推挤的力量沿着身体传播，成为产生推动力的一种方式。软体动物用类似的方法来移动，但是最好的解决方法还是具有一个坚硬的结构使肌肉附着在上面，并且为肢体提供必要的杠杆作用。节肢动物和棘皮动物都是拥有外骨骼的物种。它们的体外生有骨骼，用这种方式来支撑自己。

具有符合流体静力学原理的骨骼的动物

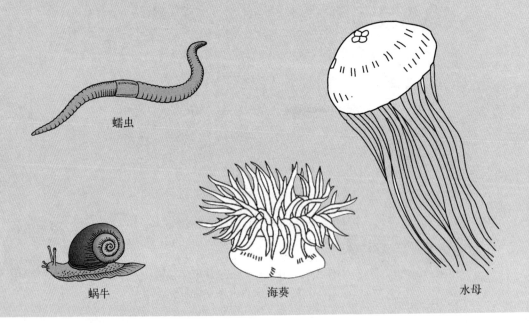

蠕虫

蜗牛

海葵

水母

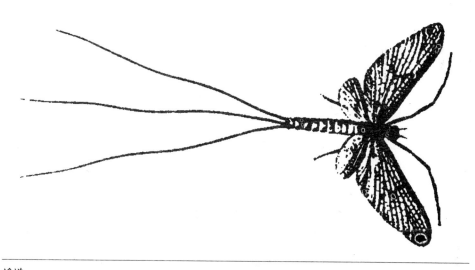

蜉蝣

蜉蝣是拥有体外骨骼的古老昆虫。

　　节肢动物的整个身体都包裹在一层坚硬的外骨骼里。这种方式能够充分地保护骨骼内部的各种运作,也可以很好地让肌肉附着,但是它却意味着动物的身体被分段为通过关节来连接的几个部分。每个动物都需要定期蜕掉它的外骨骼,以便于身体的进一步生长。由于这个原因,节肢动物在几百万年中一直驻足不前,无法进化为更高等的生命形式。

知识窗

　　对于支撑和保护身体这个问题,像人类拥有的内骨骼被证明是最适合高等生命形式的解决办法。因为内骨骼具有双重的功能。一方面,它为身体提供了支架,支撑身体的肌肉和器官,并且还使其可以继续生长而不需要蜕皮。另一方面,它保护着身体内部最重要的部分:由肋骨组成的胸廓保护着肺和心脏,头骨保护着大脑,而脊柱则保护着内部的脊髓。

鱿鱼

鱿鱼体内有独特的轻巧骨骼。此外,它们还依靠流体静力来维持自己身体的形状。

龙虾

这种身体的保护外壳就是一个证明动物能够具有外骨骼的极端例子。

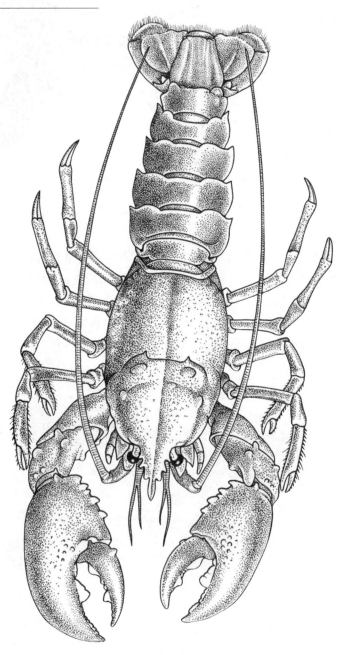

动物的运动

软体动物演化出两种重要的在水中运动的能力,第一种是通过喷射水流前进,第二种是利用鳍和流线型的体形行动。后者在鱼类和其他的水生脊椎动物中是普遍存在的——虽然这些动物随着它们的族群各自独立进化,证明这种方式对于运动是非常有帮助的。

蠕虫是最早掌握挖洞这样的运动能力的动物。它们的皮肤柔韧但是没有弹性,被称为流体静力骨骼。蠕虫就是利用皮肤内部的肌肉来移动的。腹足动物的肌质足也运用了相似原理,使它们能够适应在水面下或是在陆上行走。棘皮动物具有管足,它们能够在物体表面滑行从而使自身向前行进。节肢动物则是利用连接在一起的肌肉和肢体使自己在水中或是陆面的环境中运动。竹节虫是最早能够在空气中运动——或者说飞行——的动物。

一些大型的飞行昆虫具有能够完成真正的飞行的翅膀。它们拥有一个和螺旋桨相仿的器官,因而能够通过向前的运动而上升高度。这一点可以通过它们滑翔的能力得到证明——蝴蝶和蜻蜓都具有这样的能力。但是也有很多昆虫的翅膀不能够用这样的方式飞行,而需要用划桨的方式操纵自己的翅膀,通过复杂的运动来完成飞行。结果,它们拥有了相对较小的翅膀,却需要巨大的飞行肌肉,以便于为飞行提供足够的力量。

最早的移动形式是在水中前进。一些结构简单的动物具有线状的结构,叫做纤毛。纤毛像桨一样进行波状的摆动,使自身不断向前移动。还有一些动物通过来回摆动它的尾巴或者不断跳动使身体前进。

滑动
蛞蝓会分泌出一种黏液形成薄层或痕迹,通过在上面滑动而使自身向前推进。

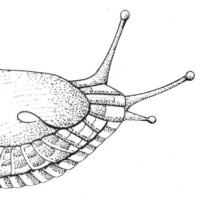

肌肉的运动

无论完成自身的运动需要涉及
多少工程学原理,动物都是依靠
肌肉来提供必要的机械力量的。

脊椎动物

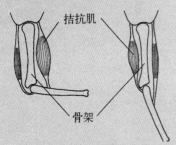

拮抗肌

骨架

节肢动物

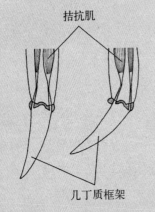

拮抗肌

几丁质框架

蠕虫

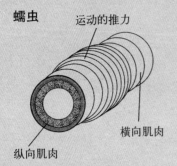

运动的推力

横向肌肉

纵向肌肉

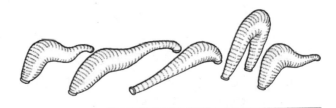

具有环节结构的水蛭
当水蛭在一个物体表面移动的时候,它们用两端的吸盘来"行走"。

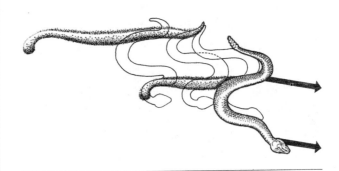

蛇
蛇没有腿,但它们演化出自己的移动方式。它们沿着身体的长
度传递推力,使肌肉呈波状移动前行。

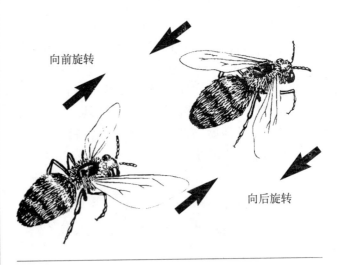

向前旋转

向后旋转

蜜蜂
大多数昆虫不能够简单地靠它们的翅膀滑翔,而要依靠更复杂
的运动上升到足够的高度飞行。

运动的一个重要原理就是拮抗肌的运用。这一点在外骨骼动物和内骨骼动物中都可以看到。它意味着在动物的一个肢体或翅膀中要有两组肌肉,它们起到相反的作用。其中一组用来伸展肢体(伸肌),另一组用来收缩肢体(缩肌)。为了使这个肌肉系统能够更好地运作,就需要有一组坚硬的、由关节连接的骨骼提供机械的杠杆作用。

定向和导航

辨别哪个方向是上、哪个方向是下,是非常重要的。因为很多浮游动物每天都会在水面和海洋深处迁移,日复一日地进行这样的循环。在这个循环中,最关键的兴奋剂就是阳光和太阳的温暖,它们对于这些生物来说标志着水面的位置所在和一天中的时间点。这些动物还具有无倾向性的浮力,使它们能够自由地在水中上上下下。

对于最小的海洋生物而言——例如单细胞生物和无脊椎动物的幼虫——定向和导航并没有太大的重要性。因为它们一直处于一团浮游动物之中,随波逐流。

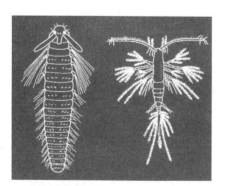

浮游着的幼虫　　浮游的桡脚动物

浮游生物

浮游生物有两种:浮游动物由微小的动物组成,而浮游植物由微小的植物组成。

卤虫
这是成千上万种浮游生物中的一种。

对于更大的水生无脊椎动物而言,感觉器官倾向于变得更加发达。它们的眼睛能够更精确地解读周围的环境,而触觉成为它们导航的一种重要方式。因此,动物能够看到和感觉到围绕它们周身的环境和路线。很多水生无脊椎动物随着季节而迁徙,因为水面上的气候变化影响到了海洋内部。它们离开海岸,游向更深的水域,因为那里的生存环境更加稳定。光线强弱、温度和水压的变化在为它们指明去往何方的过程中起到了重要的作用。

对于陆生无脊椎动物来说,这些定位和导航的规则发生了很大改变,因为生活在空气中的动物所要面临的是非常不同的情况。在识别哪个方向是向上的时候,重力是更为明确的一个因素,光线的强弱不再能够完全准确地反映出方向的不同。喜欢潮湿的生物会寻找黑暗和阴湿的地方——像蠕虫、蛞蝓和蜗牛就懂得如何躲避明亮和干燥的环境。

你知道吗?

当雄性的蛾类在寻找雌性蛾类的时候,它们通过光和味道来确定方向。雄性的蛾类具有像羽毛一样的触角,可以探测到雌性蛾类散发出的芳香。当它们注意到这种气味的时候,它们就会把月亮的影像固定在它们视野中的一个位置,并且随着飞行过程而进行细微的视觉上的调整。它们就是通过这种方式来锁定飞行方向的。

顺便提一下,飞蛾会环绕在发光的球形物周围是因为它们把光源和月亮混淆了。

天蛾

动物间的交流

对于低等的生命形式来说，需要传递给其他动物的最重要的信息之一就是它属于什么种类以及它是什么性别。视觉信号在这里不能够充分达到这种效果，因此无脊椎动物采取了其他一系列的交流方法。比如说，一些雄性蜘蛛用食物作为结婚礼物来引诱雌性蜘蛛。蛾类的求爱通过释放某种激素来实现。如果另一方表现出善意的回应，那么求爱仪式就会进入下一个阶段，直到它们交配的完成。

对于很多种动物而言，大量聚集在一起是防范捕食者的有效方法。这是因为捕食者会把很多个体共同运动的景象误认为是一个巨大的个体。为了确保这个策略有效，这些被掠食的动物就需要彼此不断地交流。万一它们脱离了庞大的队伍，就很容易被捕食者吞食。

一些动物通过伪装来吓退捕食者。例如，很多蝇类伪装成黄蜂，使鸟类不敢吃它们。而黄蜂用自身明亮的颜色来警告鸟儿们不准靠近，否则这些鸟就会被刺蜇伤。

动物需要彼此交流，主要是为了能够顺利地繁殖。此外，交流对于逃避天敌和彼此分享食物源也有重要的作用。

蜘蛛
在试图交配的时候，雄性蜘蛛必须确保它们和雌蜘蛛是以一丝不差的方式进行交流的，以防被雌性蜘蛛吃掉。

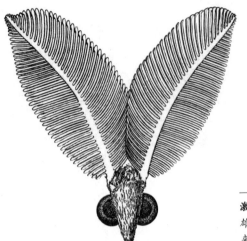

激素探测器
雄性飞蛾像羽毛一样的触角是用
来过滤空气中的激素分子的。

知识窗

　　如果一个动物确定一处食物源能够提供的食物量远远超过它自己所需要的，它就会传递信息通知其他的同伴，让大家在这份大自然的赠礼中共同受益。一个典型的例子就是蜜蜂。当一只工蜂发现一处花蜜和花粉源的时候，它会直接飞回蜂巢，用舞蹈通知同伴飞行的方向和距离。

蜜蜂舞蹈
工蜂无法说话，因此它们通过特殊的
舞蹈来向同伴描述蜜源的位置。

蜜蜂的舞蹈向同伴所传达的信息

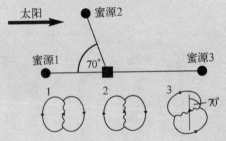

繁　殖

　　在低等动物中,比如说水螅,新的个体是直接从母体身体的分支生长出来的。这个过程叫做芽殖。对于蚜虫而言,母体能够直接进行单性生殖。它意味着动物可以通过卵子或蛋直接进行繁殖而不需要受精——即一种无性繁殖的方式,由卵子直接发育为成体的缩小版个体。芽殖和单性生殖比有性生殖更快速,但只能在适当的环境中才能进行。无论如何,这种生殖方法有它的局限性。那就是这些后代只是母体的复制,因而具有完全相同的基因。由于这个原因,水螅和蚜虫在它们生长期的最后还会进行有性生殖,使整个族群的基因具有充分的差异性,确保自然选择的进行。

　　很多无脊椎动物都是雌雄同体。这意味着它们既有雄性的生殖器官,又有雌性的生殖器官——它们是雌雄同体的。这样的例子有蚯蚓和蜗牛。它们从来不会在自己体内交配,但是能够和同一种类的任何个体交配,而不需要特意去寻找“异性”的个体。这种策略具有节省时间的优势,而且还能够保证同

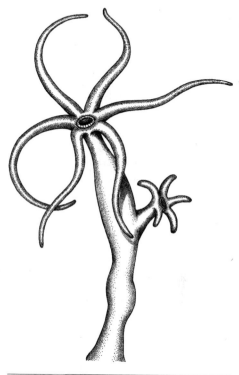

大部分脊椎动物都是两性繁殖。在无脊椎动物中,仍然可以发现其他的繁殖方式。

水螅(上图)
这种动物在繁殖时会从身体的一侧萌芽,生长出它本身的一个小的复制品。

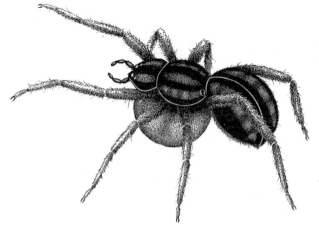

蜘蛛(左图)
雌性蜘蛛身上携带着一个丝质的茧,里面是一个装着受精卵的球。

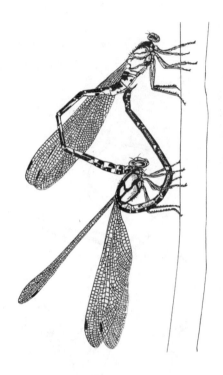

蜻蛉

当这种昆虫交配的时候,它们的身体呈现轮状,以便于雌性蜻蛉能够获取雄性蜻蛉的精液。

一物种内的基因差异。具有单一性别的无脊椎动物常常被称为雌雄异体。虽然雌雄间性看上去似乎是更好的繁殖方式,雌雄异体的物种实际上能够更好地提升基因的差异性。因为这样可以使同一物种的雄性个体和雌性个体在外形和体形上产生相当大的差异,从而增大基因的差异。此外,在个体被迫付出更多的努力寻找配偶的过程中,它们可能会走得更远,带来不同地区种群的基因,而不是一直停留在同一个地方。

无脊椎动物的一个重要特征就是它们必须经由幼虫的各个时期发展为成虫。而这并不是无脊椎动物所特有的,很多脊椎动物——像鱼和两栖动物——也有独特的幼体状态。而幼体状态不论是在体形上还是在外形上,都和成年的状态有很大的差别。

无脊椎动物的生长和发育

　　海洋中的无脊椎动物是具有代表性的变态发育。它们产下的子代会成为海洋浮游生物的一部分。它们会一直保持着幼体的形态,直到发育为小型的成熟体。这时它们开始适应成熟体的生活方式——无论这和之前的生活方式的差异有多么大。甲壳动物、腔肠动物和棘皮动物都有作为浮游生物的幼体时期。

陆栖或者半陆栖的无脊椎动物,幼体都需要适应脱离水生环境的生活,因此,当它们从卵中孵化出来的时候,它们的各个方面都更加发达。昆虫也是典型的例子。依据幼虫生长发育的方式,昆虫大体上可以划分为两类。其中一类昆虫孵化出来时,实际上就已经是成虫的缩小版,也就是说,它们在卵中已经完成了一部分的发育。这样的幼虫叫做蛹,它们经过一个时期的发育之后逐渐成长为成虫,这种发育方式叫做不完全变态。这样的例子有蝗虫、蟋蟀、螳螂、蟑螂和椿象。其他的陆生节肢动物,如蜘蛛、千足虫、蜈蚣和潮虫也是不完全变态的动物。和它们略有不同,软体的陆生无脊椎动物——如蠕虫、蜗牛和蛞蝓——仅仅是身体不断长大直到它们发育成熟,因为它们在成长的过程中不需要像节肢动物一样蜕皮。

完全变态

毛虫、蛹和蝴蝶之间看起来有很大的不同,这反映了完全变态在各个时期的发展变化。

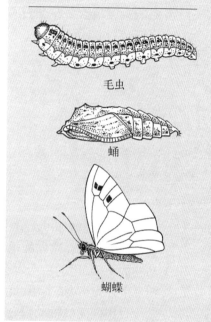

毛虫

蛹

蝴蝶

知识窗

　　水生昆虫和陆生昆虫一样,它们的幼虫以同样的方式被划分为各个阶段。这是因为在昆虫适应淡水环境之前,它们一直是生活在陆地上的。例如,水虿的发育方式是不完全变态,而水甲虫的发育方式则是完全变态。

不完全变态

蝗虫家族成员的发育方式是不完全变态。一只小蝗虫就是一只没有翅膀的成年蝗虫的缩小版。

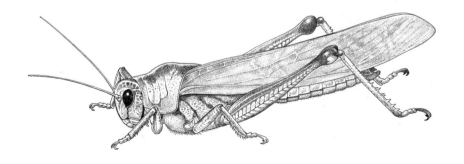

另一类昆虫的幼虫状态和它的成虫状态完全不同——不同昆虫的幼虫,其名称不同,如蛴螬、蛆、蠕虫、毛虫等。它们充分发育成熟变为成虫的这个过程叫做完全变态。这个过程还涉及一个过渡阶段,叫做蛹或茧。在这段时期,它们的身体结构会发生引人注目的改变。这样的昆虫有甲虫、蜜蜂、蚂蚁、黄蜂、蝴蝶、蛾和蝇等。

攻击和防御

所有的无脊椎动物都会去获取食物,同时避免成为其他动物口中的食物。这就要靠攻击和防御的战略来完成。

对于食草的无脊椎动物来说,攻击就是瓦解它们食用的植物所采取的防御措施。植物采取的最常见防御形式就是生长出比它们实际所需的数量更多的叶子,而很多植物还会用有毒的树液或刺毛来保护自己,这都增加了无脊椎动物直接食用它们的叶子和茎干的困难。而对于草食性的无脊椎动物同样重要的一点,就是它们对肉食性无脊椎动物和一些脊椎动物的防御,因为后两者会以它们为食。防御的方式除了增加速度和行动的隐蔽性之外,还包括盔甲、武器、保护色和拟态为更加危险的无脊椎动物。

食肉的无脊椎动物会采取很多和食草动物相同的防御策略,因为它们也可能成为其他动物的食物。而除此之外,它们还需要装备、武器和工具,用来追捕、袭击、杀死和吞食猎物。这些工具可能包括强有力的螯(用来擒住动物)和令人印象深刻的尖牙(用来穿透猎物的身体)。它们还可能具有其他武装自己的方式,例如用肢体的针状部分刺杀猎物或是含有毒液的撕咬。这些对于防御而言,更有事半功倍的效果。一些食肉动物会积极地猎杀它们的食物,而另一些则会设陷阱来捕猎或者偷袭那些路过的毫无准备的动物。

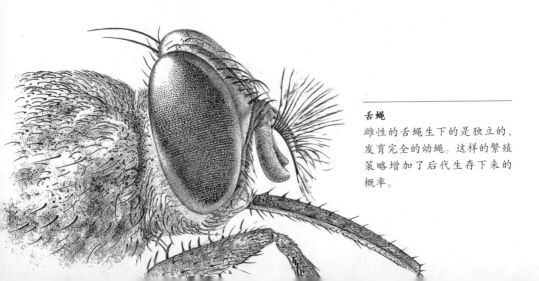

舌蝇
雌性的舌蝇生下的是独立的、发育完全的幼蝇。这样的繁殖策略增加了后代生存下来的概率。

在进化这段漫长的历史之中,攻击和防御从一开始就是生物身体结构和行为的构成要素。这种现象被称为生物学上的军备竞赛,也可类推影射到人类的战争。为了赢得战争,对立的双方都不得不持续地改进自己的装备和技术。既然针对进攻和防御的战略永远都不可能完全有效,无脊椎动物便采用了最具有普遍性的人海战术——它们尽可能多地繁殖后代,以确保在任何情况下,它们中都会有一部分幸存下来。

——锹甲

长戟大兜虫

猎蝽科
猎蝽科的昆虫是高效的杀手。这些昆虫具有穿刺能力很强的嘴,能够从它们的猎物的身体中吸食汁液。

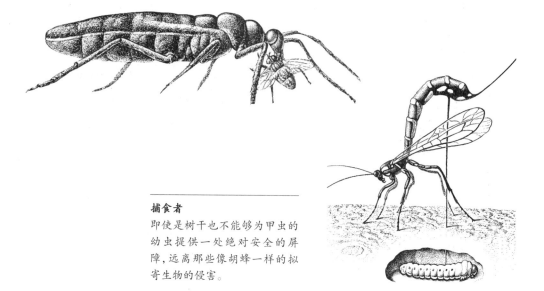

捕食者
即使是树干也不能够为甲虫的幼虫提供一处绝对安全的屏障,远离那些像胡蜂一样的拟寄生物的侵害。

第七章

侦测和反应

味觉和嗅觉

味觉和嗅觉实质上是同样的功能，它们都涉及物质分子的探测，不论分子是在物体表面还是在空气或水中运动。基于这种性质，既然它们是在化学层面上运作的，因而被统称为"化学感受"。

无脊椎动物不像人类这样的哺乳动物有鼻子和舌头来作为嗅觉和味觉的感觉器官，但类似的，它们拥有分布在身体各个适当区域的化学感受器。例如，水蛭能够通过它的皮肤感受

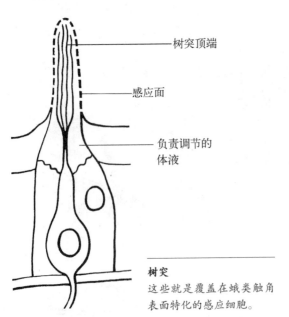

树突顶端

感应面

负责调节的体液

树突
这些就是覆盖在蛾类触角表面特化的感应细胞。

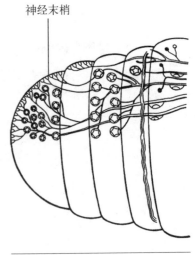

神经末梢

环节动物的神经系统
神经最终在蠕虫皮肤的表面分叉为更纤细的组织。

到水里的化学成分,然后会立刻意识到它们探测到一个可能的食物源。欧洲医蛭依靠吸食哺乳动物的血液为生,而其他水蛭则是靠吸食鸟类、两栖类、鱼类或者无脊椎动物的血液为生。每一种食物源都有它独特的味道。

　　至于昆虫,它们用脚来辨别味道,这是因为它们的脚是最先和物体表面接触的部分。而它们的眼睛常常受角度的限制只能向上看,不能够向下看。此外,对于昆虫来说,用眼睛来发现食物源——比如说花中的蜜——显然是非常困难的。昆虫还会用它们的触须或触角来辨别空气中的味道。雄性飞蛾就是一个很好的例子。它们能够在几千米之外闻到雌性飞蛾发出的淡淡的味道。它们的触角像羽毛一样,以便于在空气中过滤各种气味的分子。

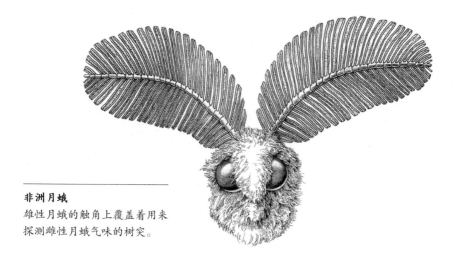

非洲月蛾
雄性月蛾的触角上覆盖着用来探测雌性月蛾气味的树突。

平衡和协调

就最基本的标准而言,平衡系统能够帮助无脊椎动物辨别哪个方向是向上的,哪个方向是向下的。实现了这一点,它们就能够判断自己所在的位置、移动时与周围环境之间的关系。

头足动物(章鱼、鱿鱼和乌贼)有一个叫做平衡囊的器官,位于大脑附近。这个平衡囊的一部分是一个装满流体的囊,在囊里面有一个碳酸钙块,叫做听斑。听斑附着在一组水平的、细长的纤维末端,这些纤维对位置的变化极其敏感。当动物改变自身位置的时候,重力就会影响到纤维末端的听斑。因此,通过与垂直方向的对比,这些纤维就能够向大脑反馈动物确定的方向。平衡囊的另一个部分被称为听脊。听脊由一条条细胞带构成,这些细胞带可在垂直方向、纵向或横向排列成面。这些细胞形成较重的瓣膜,对运动非常敏感,因此动物能够在游动的时候感受到加速、俯仰和滚动带来的效果。

飞行昆虫采用另一种不同的原理来维持它们的平衡和协调。在它们的翅膀根部有一套测量系统。当它们在空中移动的时候,这套系统会根据它们身

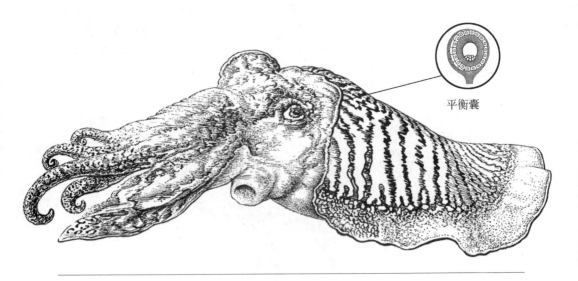

平衡囊

乌贼

这些头足动物是螃蟹的天敌。它们依靠一个叫做平衡囊的器官为它们成功捕猎提供精确的协调平衡的作用。

上所承受压力的程度来测量相对的力。从蝇类身上,可以清楚地看到这一点。蝇类翅膀的根部萎缩为一个小小的杆状器官,叫做平衡棒。这些平衡棒在飞行中会不断地振动,使它们加重的末端能够产生回转的效果,为神经中枢提供它所需要的相关信息,使昆虫持续地飞行。实际上,一只没有平衡棒的蝇会因为失去控制而停留在原地不断盘旋,而一只没有平衡囊的头足动物也同样如此。

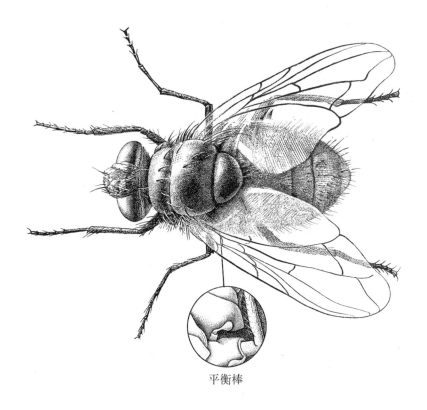

平衡棒

丽蝇的平衡棒

像所有蝇类一样,丽蝇依靠它的平衡棒提供所需要的感官信息,使它能够成功地飞行。

视　觉

　　就像它的名字所表示的，感光器仅仅能够识别不同光线之间的强度，这就使无脊椎动物可以判断外界处于白天还是黑夜，或它们是安全地隐藏着还是有暴露的危险。例如蚯蚓，它的全身上下都布满了感光细胞，它能够辨别自己的身体是否有任何一部分暴露在地表。

　　无脊椎动物演化出了更加复杂的眼睛，那就是复眼。复眼因为它的结构特征而得名，每一只复眼都是由很多组感光细胞复合而成。每一个感光细胞都可以独立地提供信息，每一幅视觉图像都是由很多点的集合构成的，就像电视屏

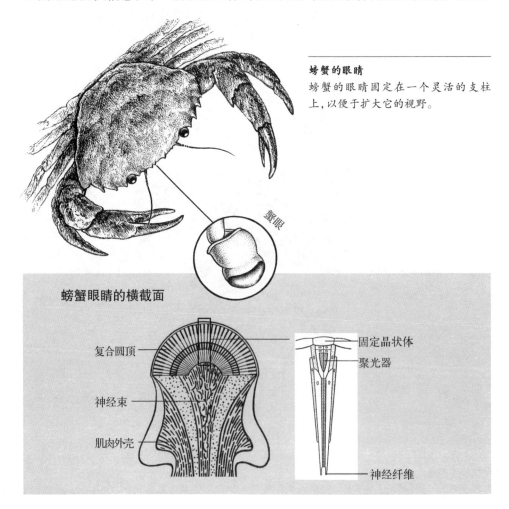

螃蟹的眼睛
螃蟹的眼睛固定在一个灵活的支柱上，以便于扩大它的视野。

蟹眼

螃蟹眼睛的横截面

复合圆顶

神经束

肌肉外壳

固定晶状体

聚光器

神经纤维

幕和电脑显示器上的像素一样。之后，这个生物解读这些点，从而构成一幅完整的图像。

这些可以形成图像的眼睛属于各自独立的、不同的无脊椎动物族群。根据这些眼睛所依据的科学原理，它们大致可以划分为两类：一类是在每一个感光细胞前都有一个固定焦距的晶状体，而另一类则是在一组感光细胞前有一个活动焦距的晶状体。第一种类型的眼睛不能够调整焦距，与第二种相比更加原始，但是在无脊椎动物中占据很大比例的昆虫纲里，这种眼睛是普遍存在的。而第二种类型在软体动物和蜘蛛中很常见——哪怕由于它们起源于不同的祖先，这种眼睛在不同动物身上其具体结构差异很大。

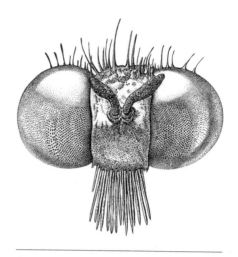

复眼
每一个视觉单元看上去就像是一个细小的圆点，大量的小眼面组合在一起，就构成了眼睛的表面。

知识窗

像章鱼这样的头足动物的眼睛和脊椎动物——例如包括人类在内的哺乳动物——的眼睛十分相似。这是一个趋同演化的典型案例。它们的眼睛是各自源于一个独立的起点。很显然，它们也各自独立地演化，这一点从它们眼睛构造上的基本差异就可以看出。人类眼睛的聚焦是通过晶状体的形状改变来实现的，而章鱼眼睛的晶状体是固定的，因此它们要靠视网膜的前后移动来实现聚焦。

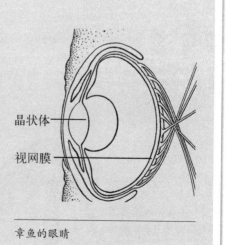

晶状体
视网膜

章鱼的眼睛

发达的视觉

立体视觉或是双目视觉中，一对眼睛共同发挥作用，同时观察一个目标。这使动物能够从三维的角度来解读它所看到的东西，赋予它空间的视觉。具有空间视觉的动物能够更好地判断目标物的大小、形状和距离的远近。这一点对它们来说很有帮助，尤其是在它们作为捕食者的时候，或是需要在植物中间穿梭的时候。有那么几种无脊椎动物，它们的眼睛都位于恰当的位置，从而获得空间视觉。昆虫中，蜻蜓用它们的眼睛来定位、追逐正在飞行的昆虫。头足动物中，乌贼用它们的眼睛寻找那些穴居海床的甲壳动物。在蛛形纲节肢动物中，蝇虎跳蛛会突袭毫无戒备的猎物，给予致命一击。

很多无脊椎动物拥有彩色视觉，这一点可以从一些族群的自然色彩中得到证实，例如蝴蝶。除了示警或伪装的目的之外，无脊椎动物身上任何亮色都表示这个物种具有彩色视觉。此外，无脊椎动物常常能够看到人类眼睛看不到的颜色。这是因为光波存在按不同电磁波长排列的光谱。全光谱涵盖了从红外线到紫外线的全部范围。但是人类只能够看到中间的部分——也就是我们通常所说的可见光。

单目视觉

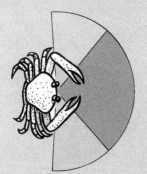

双目视觉

双目视觉
通过比较同一个物体的两幅图像，螃蟹能够更好地判断目标的距离和大小。

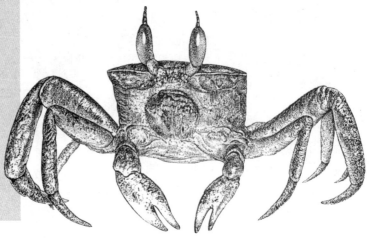

有些目标因为光线很弱或者容易和周围环境混淆，而很难判断它们的位置。在应付这些目标的时候，可以分辨红外线或紫外线反射的能力使无脊椎动物能更加精确地探测到食物源。

蝇虎跳蛛
一些蜘蛛有两只以上的眼睛观察同一个方向。这就为它们提供了足够精确的三维视觉来捕食。

知识窗

　　食花蜜的昆虫，比如蜜蜂和蝴蝶，能够清楚地看到紫外线。那些它们采集食物的花能够反射阳光中的紫外线，而不是像叶子一样吸收紫外线。这意味着在这些昆虫的视野里，花可以清晰地从背景中凸显出来，而它们就能够精确地判断目标。

多彩的样式
雄性和雌性的蝴蝶依靠它们翅膀上颜色的样式来判断彼此。在蝴蝶求偶时，也会用这种缤纷的图案来向异性展示自我。

听觉和触觉

声音和运动能够在固体、液体和气体中产生机械波。这些机械波即振动。动物通过感压细胞来探测这些振动,这就是听觉和触觉的工作原理。

感压细胞通过细胞内部流体的压力变化来探测振动或者与物体的直接接触。这些压力的变化会产生电子信号,这种信号具有和振动相符的强度。之后,这些电子信号会发送神经脉冲到神经中枢,以便动物接收和解读这些信息。

很多软体的无脊椎动物全身都分布着非常敏感的感压细胞,这让它们具有通过水或土壤探测振动的本领,但是它们不能通过空气听到声音。耳朵是随着硬体的无脊椎动物——节肢动物,尤其是昆虫——的产生而产生的。

昆虫的耳朵像是一个漏斗,它可以放大声音的振动,这些振动通常都比声音在液体和固体中传播得更微弱。它采用漏斗状的凹陷形式,连接一片振动膜,使振动和刺激能够触碰到敏感的细胞。

由于节肢动物具有坚硬而不易弯曲的"皮肤",固有的局限性限制了它们各种探测外物运动的能力,无论是振动还是直接地接触。然而,它们通过强化它们的触角对触碰的敏感度解决了这个问题,这一点从圆蛛身上可以得到证实。圆蛛能够用它们的腿来感知被它们的网困住的猎物最细微的动作。蚱蜢和蟋蟀的耳朵(鼓膜)长在腿上,帮助它们探测那些通过空气或者通过其他物质传播的振动。比起亲眼所见,这种方式能够更早也更清楚地发现一个可能成为对手的生物的接近。

预警
蠼螋能够感受到捕食者的足音所带来的振动。它们往往一感觉到这种振动,就马上藏起来躲避。

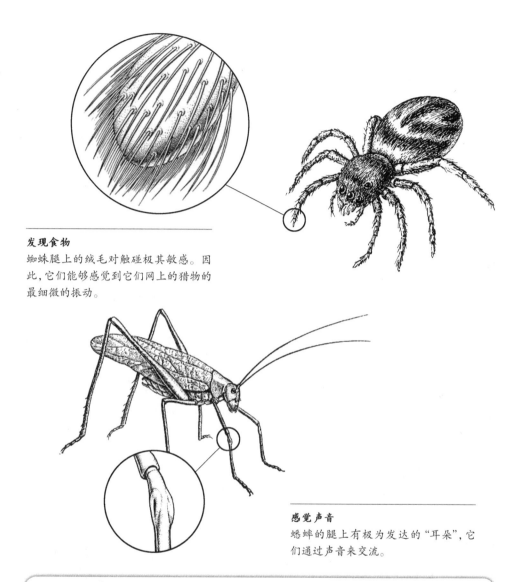

发现食物

蜘蛛腿上的绒毛对触碰极其敏感。因此，它们能够感觉到它们网上的猎物的最细微的振动。

感觉声音

蟋蟀的腿上有极为发达的"耳朵"，它们通过声音来交流。

知识窗

当声音或运动的波在水中传播的时候，要比在空气或陆地中传播得远得多。因为水不会传递压力，但是可以施加压力，所以传递的能量不会那么容易被吸收。因此，在水中生活的动物能够更加清晰和精确地感受到声音和运动——因为它们感受到了波的压力。

超级感官和能力

很多动物对振动的感觉都比人类敏锐得多，因为它们只能依靠对振动的敏感而生存下去。无脊椎动物常常具有强化的或是超级感官，这有一部分是因为它们生活在微观的世界里，而不是像人类一样生活在宏观的世界中。和我们相比，它们在微观世界中感觉到的振动在力度上要薄弱得多。此外，它们要隔着相对来说很遥远的距离彼此交流，还要应付那些因为适应了环境而具有高度敏感性的捕食者。

下面是一些具有超级感官的无脊椎动物的例子。树蜂能够探测到隐藏在树干内部的甲虫幼虫最细微的移动，以便于它用针状的产卵管把卵注入甲虫幼虫的身体，然后树蜂的幼虫便会以甲虫幼虫为食物。很多夜蛾能够探测到凭回声定位的蝙蝠发出的超声波，这种能力使它们能够及时从空中降落，以免被蝙蝠吃掉。当雌性蚊子想要寻觅鲜血作为食物的时候，它们能够闻到几千米外的哺乳动物发出的气味。我们的脚散发出的气味对蚊子而言尤其具有吸引力。

回声定位
这种额外的感官帮助蝙蝠在黑暗中前进。雷达的原理和它相近，蝙蝠发出的高频率的声波可以探测物体的位置，而回声让蝙蝠能够判断出周围环境。

嗅觉和视觉
雄性飞蛾通过生有绒毛的触角来寻找雌性飞蛾。它们的触角可以辨别雌性飞蛾的气味，然后锁定它们的飞行方向，并且用月亮作为参照物导航。

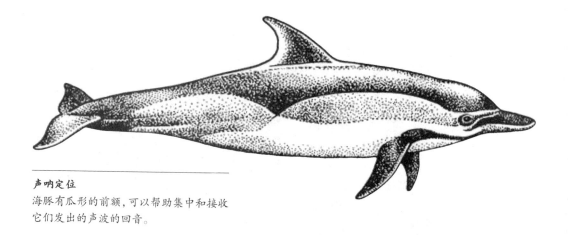

声呐定位

海豚有瓜形的前额,可以帮助集中和接收它们发出的声波的回音。

世界真奇妙

很多无脊椎动物拥有惊人的能力。有相当数量的动物能够发光,这种光被称为磷光,通过一种化学反应产生。萤火虫就是用光在黑暗中彼此传递信息的。与此对应,蚱蜢、蟋蟀和蝉无论白天还是黑夜都用"歌声"来交流。它们的"歌声"实际上是一种摩擦声,通过腿或者翅膀的摩擦而产生。这和用指甲划过梳子的齿是类似的原理,而鼓膜就像鼓一样把摩擦的声音扩大数倍。

味觉或嗅觉

大马哈鱼在海洋中生活四年之后,会返回它出生的地方,在完全是淡水的溪流中繁殖后代。

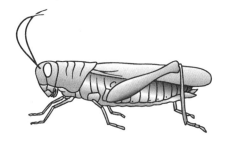

腿动

蝗虫是通过摩擦它们自己的腿来交谈的。

超级嗅觉

蚊子在很远的距离就可以探测到哺乳动物的独特气味。

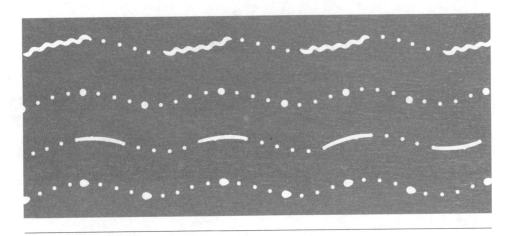

发光

萤火虫能够通过发光让其他生物知道自己的存在。不同种类的萤火虫,发光器官的结构也就不同。

神经系统

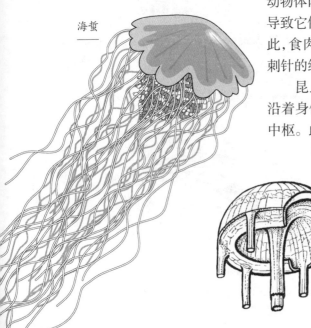

海蜇

大多数的神经脉冲都很微弱和局部化,因此动物个体是不会意识到这种脉冲的。在腔肠动物体内,神经脉冲只沿相关途径缓慢地传导,导致它们自身不能够快速地反应或者移动。因此,食肉的腔肠动物依靠的是一种特殊的带有刺针的细胞——叫做刺丝囊——来获取食物。

昆虫体内的神经系统更为发达,神经细胞沿着身体的中轴线汇聚成一条索,形成了神经中枢。此外,还有一系列隆起,叫做神经节,由神经细胞汇集而成。在昆虫头部的末端有一个脑神经节,相当于一个简易的大脑——虽然每一个神经节都各自独立地发挥着大脑作

神经网(左图)

神经形成了一张网络,尽可能全面地覆盖了生物全身。

用。我们可以从一个例子证明这一点：当昆虫的头被切掉时，它的躯干仍然可以发挥功能，并且能够持续一小段时间。

在无脊椎动物中，头足动物（像章鱼、鱿鱼和墨鱼）拥有最高级的神经系统。在它们的头内部有一个由神经节构成的环，形成了具有惊人智慧的大脑。驯化的章鱼显示出解决复杂问题和记忆所学知识的能力。分布在它们身体其余部分的神经系统则是对称的，但是并不集中。

神经系统

无论是呈规则的排列还是呈不规则的排列，无脊椎动物的神经系统本质上都是用来感知它们生活环境的变化的。

水母

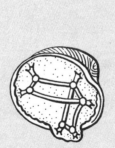

水蛭

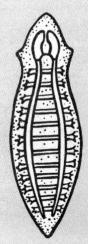

扁形动物

环节动物

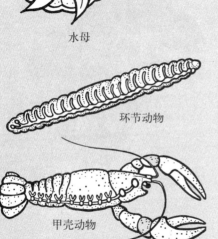

甲壳动物

腹足动物

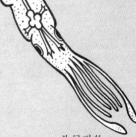

头足动物

伪装和拟态

拟态最简单的方式就是伪装。动物常常演化出和周围环境类似的外表，来逃避天敌和捕食者的捕杀。很多脊椎动物借助形态和颜色来伪装自己，与周围环境融为一体，但无脊椎动物更是伪装的高手。

伪装的冠军大概要数竹节虫目的昆虫了。这种昆虫有柱状的，也有叶状的。它们和树枝极其相似，以至于除非它们移动，否则很难被发现。实际上，"竹节虫"这个词的英文源于希腊语，意思是幻影或幽灵。尽管如此，伪装仍有一个明显缺点，那就是当这种动物被放置在另一种环境中的时候，它就可能会像灯塔一样突出，反而失去了原有的保护作用。

食蚜蝇
这种无害的蝇类和黄蜂很相似，因此它的天敌往往会因为怕被刺螫伤而不敢吃它。

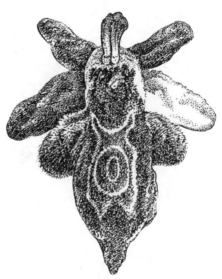

克里特蜂兰
这种花看上去像一只蜜蜂，吸引真正的蜜蜂前来。它们试图通过蜜蜂带来的花粉使花受精。

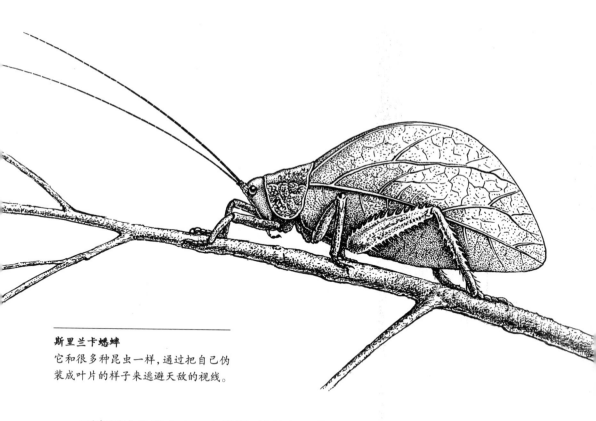

斯里兰卡螽蟖
它和很多种昆虫一样,通过把自己伪装成叶片的样子来逃避天敌的视线。

　　更高层次的拟态有一个前提,就是那些潜在的捕食者有它们自己畏惧的天敌。那些捕食者因为害怕而放弃了吞食它们的打算,因而伪装的动物能够逃脱被猎捕的命运。

　　在昆虫中,有一些杰出的拟态范例,它们模仿黄蜂和胡蜂的警戒色来吓退敌人。这些黑黄相间的条纹可以在一些蛾类、蝇类和鞘翅目动物身上看到,但对于像鸟类一样的捕食者来说,它们其实是无害的。不过这种障眼法往往会有效,因为鸟类从以往的经验中学到,这种黄黑相间的条纹常常会带来尖锐的刺痛。

> ### 知识窗
> 　　拟态有不同的类型,其中有一种最基本的方式叫做警戒拟态。英国博物学者亨利·贝茨最早描述了这种行为:"动物在面对捕食者的时候,通过伪装成捕食者的天敌而保护自己。"

远古人类

THE FIRST HUMANS

张凡珊/译

Part 3

第三部分

第三部分中，我们将介绍地球上人类的进化历程和生态多样性，古往今来人类的发展特征和地球生物的生活。我们共分八个章节向读者讲述：

第一章为我们是谁？本章指出我们人类在自然界中的位置，还举出了人类的一些动物近亲。同时，画出了最早的人类化石，据说这些化石是和人类祖先有关的，甚至是关于更早些的南方古猿。

第二章为人类的形成。这部分以化石发展为例，讲述人类发展的历史，从最早期生活在非洲的工具制造者，到遍布全球的现代人。

第三章为在演化的进程中。在这一章节中，我们观察了人类进化过程中的一些主要变化。另外，通过用现代的方法追溯我们祖先的生活，我们知道了人类的历史。

第四章为远古生活。从各个方面描写人类的生活，包括他们的语言、狩猎、种植和艺术。除此之外，还告诉读者很多远古生活的细节。

第五章为漫长的进化时代。这一章讲述生活条件的变化，这些变化同时发生在自然环境和技术方面。针对这些变化，化石学家和考古学家为漫长的进化年代进行了分期，并用它们的独特特征来命名。

第六章为纵观全球。这一章逐一分析了各个大陆的人类演化历史，并讲述了人类早期的有趣故事。

第七章为考古发现的故事。本章介绍了一群著名的化石发现者，讲述了他们寻找人类化石的故事。这些故事包括一些举世闻名的发现，同时也有令人失望的发现，甚至还有一些是恶意的骗局。

第八章为要点归纳。本章传授读者关于如何辨别化石遗迹的知识细节，同时试图预测人类的未来。

第一章

我们是谁？

我们是谁

　　人类是生活在社会中的动物。我们过着群居生活，每一个人都在社会中有自己具体的角色。但是这种社会性不是人类独有的，很多低等动物，比如蚂蚁，它们也有自己的社会。这些小昆虫组成一个庞大的队伍，任何一个蚂蚁群都有一个蚁后、许多工蚁，有时候还需要特别的卫士。它们靠极小的大脑运作，却能协作共筑自己的家园。在一些物种中，一部分成员还需要用自己的身体搭桥，以使其他伙伴能顺利通过。同样的，蜜蜂群会联合起来，一起寻找有蜜的花，一起去采集花蜜。

　　动物的这些行为是一种本能。换种说法，是它们天生

这是我们的祖先？

很多生活在大约1 800万年前的动物，比如非洲原康修尔古猿，它们的骨骼留存至今。从这些遗骨的特征判断，它似乎很像我们人类的祖先。它看起来像是猴子，用四肢行走。根据对其牙齿的分析，它在地球生命系统中，被放于猿和人所处的进化阶梯之间。

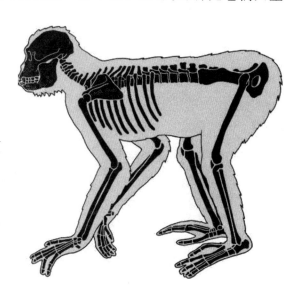

发现于肯尼亚的古猿骨

这是一枚画有非洲原康修尔古猿的邮票，为了纪念这一伟大的发现，它的发现地被标明：东非肯尼亚维多利亚湖中的一个岛。邮票下角注明：这是人类的起源。

就会的，而不是后天习得的。本能有时会造成一些令人惊讶的现象。比如，当寒冷的天气悄然降临，美洲大蝴蝶会自发地离开加拿大，飞越千山万水，前往墨西哥这样温暖的地方。而当北美洲的夏天到来后，这些蝴蝶的下一代，又会设法返回北美洲。

人类有自己最显著的特性，那就是我们强大的思考和推理能力，我们还会从以往经验中学习。与身量相比，我们拥有相当大的脑子，还有运用语言的能力。人类是有史以来适应能力最强的生物。除了有推理的能力，人类还是有情感的动物，而对事物也有评价的能力。我们对差异、分析、美丽的事物、美貌的人，都会产生浓厚的兴趣。人类还会通过视觉和语言表达出幽默。

除此之外，人和动物近亲之间的区别并不是很明显。根据科学家研究，人类的基因组成实际上和黑猩猩非常相似。人类和黑猩猩的基因，大概有99%是

大脑的主要部分

- 语言
- 额叶
- 感觉
- 记忆
- 协调能力
- 视觉

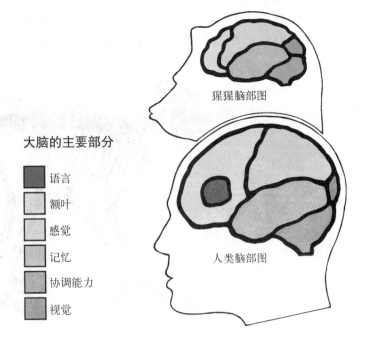

猩猩脑部图

人类脑部图

完全一致的。当然，我们和黑猩猩并不能等同，除了有大脑的优势，人类的很多体形特征也和猩猩截然不同。例如，我们没有全身覆盖着的毛茸茸的体毛；我们会分泌更多的汗液；我们习惯于用下肢行走；可能最本质的一点区别是，我们可以用双手改造、控制我们的生存环境。

尽管在人类进化的研究领域，我们已取得了可喜的成就，但是仍有很多问题困扰着我们。在物种的进化历程中，我们人类是否已经到达了终点？或者，我们是否有可能继续向前进化？

你知道吗？

人类这一物种的拉丁学名是 *Homo sapiens*，它的原意是"智人"，也就是智慧的人，这个词非常明白地点出了人类的优势。相比其他动物，人拥有更大的脑容量，因而也就更加聪明灵敏。智人属于早期原始人的一个阶段，古人类学家（研究人类的史前祖先的科学家）认为我们是由早期原始人进化而来的。而从早期原始人状态开始，人类便具备了这样的物种优势。

尺寸比较

相比于如今黑猩猩的头部，非洲原康修尔古猿的头部很明显要大一些。而相比另一种动物狒狒，非洲原康修尔古猿的头部则要小一些。

211

这是否是原始人类

1932年，一块破碎的下颚被发掘出来，它几乎已经变成了化石，同时发现的还有一些牙齿。根据研究分析，科学家认为这些碎片来自1 200万～1 400万年前。科学家甚至认为，这些可能是我们人类最早的祖先所留下的。事实真是如此吗？

一块下颚的碎片被首次发现，这个消息鼓舞了整个考古学界！科学家认为，这些碎片属于一个体重小于18千克的生物。这个生物牙齿的形状、大小和现代人类几乎相同，化石学家们相信它们属于一个原始人。

根据我们的判断，这种生物也有两只脚，生活于荒野之中。不过，还是有些专家对此表示怀疑。按他们的说法，如果没有发现它的腿骨，单单依靠牙齿就推测它能直立行走，这样得出结论似乎很草率。

第一个研究这些碎片的是美国科学家刘易斯博士，他宣称牙齿的主人是一个人类远祖。这种争论一直持续到1976年，一个完好无损的下颚骨被发掘

出来。根据进一步的研究,大多数科学家的看法发生了改变,他们承认这些牙齿和下颚骨来自一只古猿,而不是原始人类。

腊玛古猿被认为是古猿家族的另一支系,并不是演化成人类的那一支。西瓦古猿和腊玛古猿类似,但是体积更大,它们和腊玛古猿属于同一支系,这两类古猿不处于人类进化的轨迹中。西瓦古猿的后代被认为是现代的猩猩,而非人类。根据对化石的研究,科学家如今达成共识:它们大多数时候是四肢着地行走的,而不是像人类那样只用双脚。

巨猿是猿中体形巨大的一个种类,它也是由古猿进化而来的。我们可以把它们想象成一种巨大的、在地面上生活的猩猩。它们

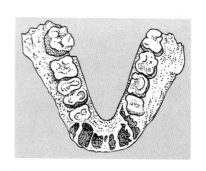

人类的近亲?
腊玛古猿牙齿的形状和大小,让人觉得它可能是人类的近亲,可是下颚骨的形状则表明并非如此。

在大约1 000万年前就开始出现，直到距今100万年前仍存在于地球上。在喜马拉雅山区很偏远的一些地方，有人声称看到过一种长得和人很像的"雪人"。有研究认为，"雪人"就是远古的巨猿，它们很可能一直存活到了现在。遗憾的是，到目前为止，还没人能够捕获一个活的"雪人"。

骨骼结构

所谓的千年人，其学名为图根原人（*Orrorin tugenensis*）。它的学名和发现地有关，这个化石在肯尼亚的图根地区被首次发现，当地方言中的Orrorin是人类始祖的意思。但是一些多疑的科学家反对把它归为原始人类，他们觉得千年人和黑猩猩其实更相似。这些科学家不相信它能直立行走。尽管如此，这具骨骼大腿骨的最上端有一块球状凸起，形似人类的关节部分，所以，它仍有可能是直立行走的两足动物，这一观点被很多人赞同。

乍得沙赫人生活在距今520万～580万年前，考古学家是以几块骨骼碎片来判定它们的存在的。科学家研究了它们遗留的一块脚趾骨，看起来它们似乎是直立行走的。而下颚骨上还有一些小犬齿，其他牙齿也很像人类的牙齿。

非洲中部的小国乍得出土了一块完整的颅骨，这块骨头的历史大约有600万年甚至更久，科学界把其称为沙赫人乍得种。它还有一个昵称Toumaï，这在当地语言中指"出生在干旱季节即将开始前的小孩"。那么，它究竟是古猿还是原始人类呢？

人们一直在激烈地争论：这些骨骼化石是否真的是人类祖先？科学家们坚信，人类和古猿在大约800万年前有一个共同的祖先。不过，我们还是不能很肯定人类发展演化的脉络。其实这也很正常。我们所拥有的化石非常少，而且

2001年，一些距今520万～580万年的遗迹在非洲的埃塞俄比亚发现。一些科学家认为那是属于最早的原始人类的。后来一支法国考古队发现了一些年代更为久远的骨头化石，那些化石可以追溯到600万年前。由于是在世纪初被发现的，人们称为千年人。

人类近亲？

在猿类"家谱"的人类这一支中，Toumaï可能是目前发现的最早的化石了。在它们生活的年代，非洲大部分地区都生活着许多种类的类猿动物。那时候，撒哈拉地区都还是绿色植物，而不是像现在这样是一片沙漠。

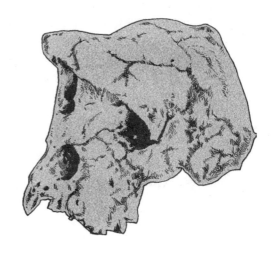

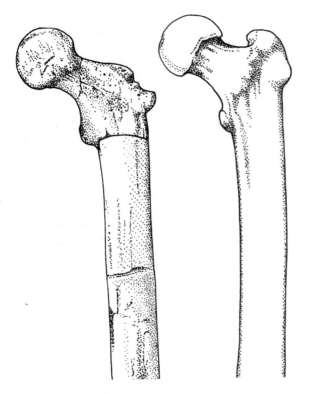

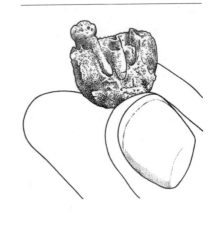

人类的祖先？（下图）
地猿的遗骸通常都是些骨头的碎片，比如说一个带着几颗牙齿的残缺下颚。看起来，这些骨头与后来出现的人类有些相似。

骨头的比较（左图）
左图比较了千年人和现代人的大腿骨最上端。是否可以肯定千年人是双足行走的动物呢？

大多数还都是碎片。牙齿是人体中最坚硬的部分，也最有可能保存下来，可是孤立的牙齿能告诉我们的信息非常少。其他大部分化石是下颚或骨头的碎片。一个完整的颅骨或者一条腿骨是非常少见的，更不要说完整的骨架了。说起来，我们发现的所有远古人类骨头化石，甚至填不满一个小小的乡村教堂墓地。年复一年，越来越多的化石被挖掘出来，我们也拥有越来越多的知识储备，可是还有更多的东西等待我们去发现。

知识窗
　　化石学家通过很多种方式来工作。有时候，他们需要研究一个区域的地理和历史；有时候，他们需要阅读其他专家写的书和论文，获取最新的理论知识；有时候，他们需要仔细研究卫星航拍地图，分析哪些地方是值得挖掘的。运气也非常重要，很多非常惊人的发现完全是偶然得到的。

南方古猿

　　阿法南方古猿（南方古猿阿法种）的名字来自它首次被发现的地方——埃塞俄比亚的阿法。实际上，它属于南方古猿属的一个种，而科学家给它取了个昵称，叫做露西。露西的部分化石遗骸表明，它的体形相当小，直立起来大约只有1.3米高，腿短，臂长，并且有些弯腰驼背。它的手脚形状表明，在它不是直立于地面行走的时候，可能大部分时间会在树枝上挂着晃来荡去。在它的一些同类的遗骸中发现了拱状的脚骨，在此之前，人们只有在人体中才发现过相同特征。露西的大部分头颅骨已经无从寻觅了，但从一些同类的遗骸来看，它们的大脑大约只有430立方厘米大小，和黑猩猩差不多。露西生活在大约300万年前。

　　非洲南方古猿（南方古猿非洲种）也是南方古猿属的一个种，它们生活在距今约400万～100万年前。非洲南方古猿在直立起来时大约只有1～1.38米高，体重很轻，可以直立行走。它们的牙齿比我们的要大一些，不过还是有很多相似之处。跟现代猿类相比，它们大脑占身体的比例要大一些。

　　当一具最古老的原始人类的骨架化石被送到营地的时候，营地正在播放披头士的《露西带着钻石在天上飞》（*Lucy in the Sky with Diamonds*），他们便用"露西"来命名它。那么，它的本名应该是什么呢？

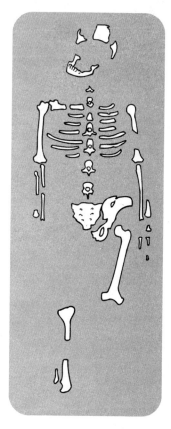

鲍氏南方古猿（右图）
玛丽·李基在非洲发现了这个头颅骨。

露西的骨架化石（上图）
我们已经发现了露西骨架的大约40%。

217

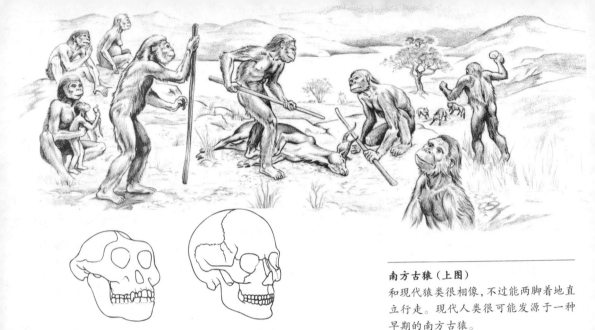

阿法南方古猿的头骨　　　现代人类的头骨

南方古猿与现代人类对比（上图）
这个南方古猿的头骨前额较低，脸平。另外，它的大脑容量还不到现代人类的一半。

南方古猿（上图）
和现代猿类很相像，不过能两脚着地直立行走。现代人类很可能发源于一种早期的南方古猿。

　　一些晚期的南方古猿要更大也更强壮些，人们称其为罗百氏傍人（南方古猿粗壮种）。它们大约有1.32米高。臼齿比较大，且磨损比较厉害，估计平时会吃一些比较硬的植物。最大的南方古猿叫做鲍氏南方古猿，其中一些可以达到1.37米的高度。在东非发现的这个种类的遗骸有很大的颚骨和臼齿，它们因此有一个昵称，叫做胡桃钳人。实际上，跟现代人相比，它们上下颚的咬合力并不显得有多大，而且它们通常的食物只是一些相当软的树叶。

你知道吗？
　　*Australopithecus*的意思是"南方古猿"，*Australopithecus africanus*则是"南方古猿非洲种"，*Australopithecus robustus*意思为"南方古猿粗壮种"，而*Australopithecus boisei*（鲍氏南猿）的名字来自一个资助该项挖掘工作的伦敦商人。

第二章

人类的形成

最早的工具使用者

梅芙·李基是一位古人类学家。一次,她的丈夫带队发掘出一些颅骨碎片,她和她的同事们足足花了六个星期,才把这些碎片组合起来,最后的结果非常振奋人心。在此之前十一年,人们在坦桑尼亚的奥杜威峡谷发现了一类原始人种——能人,而李基发现的这个头颅骨,给能人的研究提供了非常有价值的线索。

这个种类与南方古猿并存了大约200多万年,可是他们之间有着很明显的区别。比如说,能人的大脑容量要明显更大一些(大于655立方厘米),也就是说,能人拥有更高的智力。

大多数科学家非常确定,能人是最早可以用工具来屠宰动物和制作食物的生物之一。在他们的日常活动中,有时候会发现一些动物的尸体,他们会用工具从中刮取能够作为食物的肉。对牙齿化石的研究表明,能人是杂食性的,既吃各种蔬菜,也吃动物的血肉。

人属中,能人应该算是最早的种了。是能人,或者至少是一个与之非常相似的种,最终进化成了人类。我们现在知道,人类最早起源于非洲,而且时间要远远早于曾经所认为的那个时期。

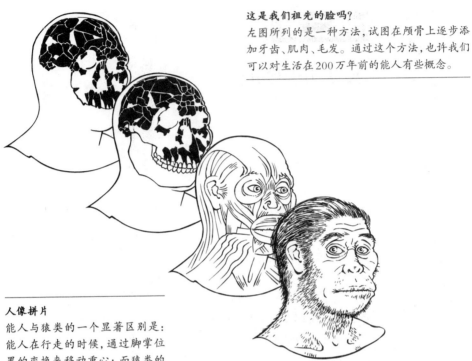

这是我们祖先的脸吗?
左图所列的是一种方法,试图在颅骨上逐步添加牙齿、肌肉、毛发。通过这个方法,也许我们可以对生活在200万年前的能人有些概念。

人像拼片
能人与猿类的一个显著区别是:能人在行走的时候,通过脚掌位置的变换来移动重心;而猿类的重心,通常都是在脚掌之外的。当然,能人和现代人类还是相差很远的。不过,它们的指骨看起来能够很容易地抓住一些东西,也许还能够用石块制造简单的工具。也许,它们也做过一些木质的工具,只不过都已经腐烂掉了。

能人(右图)
能人平均不到1.5米高,体重较轻。

能人做的工具中，包括了一些小石块和小的岩石，他们利用石头与石头或者石头与木头的相互敲击，砸下一些石片。有的小石块只是其中一边被敲平了，有些则是相对的两面都被敲击过了。这些被敲平的小石块和那些被敲下来的石片，可以用来切割动物的肉，或者作为武器。这些工具大约在200万年前被制作出来，可惜的是，在大约150万年前就几乎都不见了。它们或许很简单，可是非常实用。

非洲以外的情况

直立人（能够直立行走的猿人）在颈部以下与我们非常相似。他们能够以双脚为支撑直立，并且拥有比我们更粗的骨骼和更强壮的肌肉。显然，他们需要比我们做更多的体力活动。另一方面，他们的颅骨要小一些，前额明显地突出于脸部。大脑容量大约为1 000立方厘米，差不多是现代人类的1/3那么大。

大约190万年前，一种新的原始人类在非洲出现。后来，他们迁徙到了亚洲和欧洲。科学家们把这一新的族群归为人类的一种，但是，他们与现代人在许多方面还是有很大不同的。

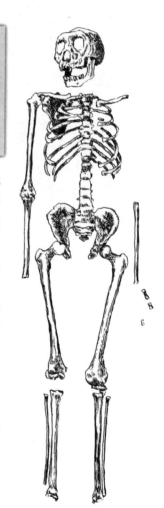

我们现在所拥有的最完好的直立人化石，是在非洲的图尔卡纳湖附近发现的，那也是至今我们所发现的最完整的早期人类化石。它包括了颅骨和人体骨架的大部分，看起来像是一个大约13岁的小男孩，约1.6米高。如果直立人的身体成长规律和现代人相似的话，在他长大后，大约会有1.8米那么高。

最早的直立人化石都是在非洲被发现的。不过有证据显示，在大约100万年前，已经有直立人在东南亚生活了。

图尔卡纳湖的小男孩
至今能看到的最古老的人属骨架，属于一个在肯尼亚被发现的直立人小男孩。

在非洲发现化石的前几年,已经有挖掘队在亚洲的爪哇岛和中国,发现了不少直立人化石。另外,他们在欧洲也出现过。最终,他们在距今不足5万年前时消失。

　　阿舍利手斧是一种非常特别的石器工具,与一些从直立人演化出来的人种相关联。最早,这种手斧是在法国北部一个小村庄发现的,这也是它名字的由来。后来,又在欧洲其他地方发现了它的遗迹。它们的形状像是泪滴,看起来非常舒适,大小相差很大,也许是根据具体的使用情况而定。而且,它们更像是石器时代的小石刀,而不是斧子。它们可以用于切割、屠宰猎物和挖掘。由于使用起来非常方便,20万年前,它们还非常流行。

握住手斧(上图)
使用者可以握住手斧圆而粗的那一端,向下用力,切割或者挖掘可食用的植物的根。

直立人(右图)
他们可能是最早知道怎么制造和使用火的史前人类。

222

向现代人类的演化

　　在地球偏北部的地方,直立人居住在洞穴里以抵御寒冷,就像在中国所发现的一种地域性的直立人——北京人一样。有证据表明,他们用树枝和石块搭建庇护所。这种原始的简陋小屋甚至能够容纳20人。

　　从刚出生到长大成人,直立人的大脑能发育到原先的三倍,要远远多于猿类两倍的发育限制。这也意味着,直立人的童年时期要比那些快速成长的猿类更长一些,这一点和现代人类已经比较接近了。其他还有一些行为特征也表明,直立人比之前出现的原始人类要更高级一些。

　　大约30万年前,一些原始人类已经开始表现出混合的特征,即它们身上在直立人中发现的特征和在现代人类中存在的特征并存。我们很难区分这些人是否经常搬家或改造自己的居所,老的居民是否被新的、更为现代的种类所替代了,或者原住民是否和新的外来种群杂交繁衍了。一些证据说明,最早的人类演化是从非洲开始的,后来这些人迁徙到外面广阔的世界,逐步替代了原先居住在该地的族群。

　　海德堡人,生活在大约50万年前的德国

　　直立人已经可以有意识地制造工具。有些科学家相信,在中国、欧洲和非洲的一些地区,那里的直立人还会在日常生活中使用火。

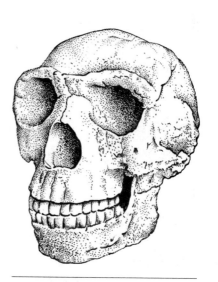

北京人的头骨
这个直立人的头骨(标本)要比现代人小一些。

223

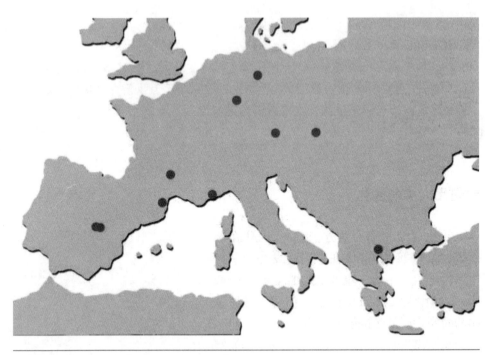

发现早期欧洲人类的地点
这张地图标明了发现早期欧洲人类的一些主要地点。

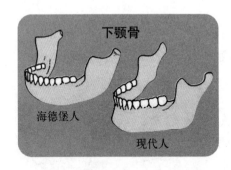

下颚骨

海德堡人

现代人

回到远古
　　从一些立柱所留下的孔洞和石头架构的遗迹来看，海德堡人在大约40万年前，居住在现在法国尼斯附近的海边。

和欧洲其他地区。他们只有一个巨大的下颚，而没有突出的下巴部分。他们的牙齿很像现代人。在英国斯旺斯柯姆发现的头骨，应该是生活在25万年前的一个个体的一部分。复原之后，我们可以发现他的脑壳和现代人类的大小相当。一些在非洲发现的20万年前的头骨比较重，并且前额突出，但是脑壳大小都和现代人差不多。这些远古人类越来越像我们，不过其骨架仍然非常结实。

　　大约170万年前，大冰期开始了，随着一系列的冰川运动，对欧洲和亚洲北部地区的植物、动物和人类生活造成了巨大的影响。

一个简单而脆弱的庇护所
在地中海岸附近狩猎的远古人类搭建的椭圆形小屋,通常由树枝相互搭架而成。

尼安德特人的穴居山谷

尼安德特人的命名,来源于德国的一个小山谷。在那里,这种穴居的居住方式第一次被发现。人们相信,尼安德特人是在大约20万年前,从一个类似于海德堡人的人种演化而来的。直到3.5万年前,他们一直生活在欧洲和西亚地区,没有人知道,他们为什么突然消失了。也许是与新的外来者杂交融合了,也许是被征服了,也许只是被淘汰了。

又也许是骨头疾病的原因。我们所发现的一具尼安德特人的骨架有些弯曲。如果只是从这副骨架来重新构架,我们能够得到的尼安德特人图像,看上去是一种低智力的、弯腰屈背的生物。实际上,他们远远不是这样的。他们矮却强壮,并且肌肉发达,身体特征与现代的因纽特人很相近。这也是很容易理解的,他们生活在某个冰期时,自然就需要更好地保持热量。大多数尼安德特人的遗迹,都在他们为了御寒所生活的洞穴中被发现。他们的分布很广,我们发现了两百

1856年,在德国杜塞尔多夫的一个石灰石采石场爆破的时候,矿工们突然在碎石中发现一些看上去很怪的、弯曲的腿骨和一个头骨的一部分。当时没有人意识到,他们偶然发现的是一个多么重要的遗迹,这个标志代表着一个多么伟大的时代。

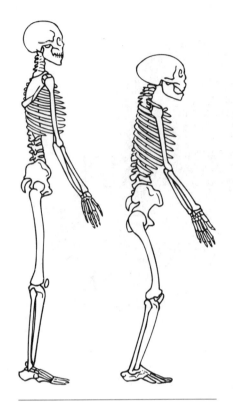

骨架的比较(上图)
尼安德特人(右)与现代人(左)骨架的比较。

早期的发现(下图)
在大冰期的寒冷气候下，洞穴可能是尼安德特人主要的居住场所。

多个遗迹，有的在西班牙，有的在直布罗陀地区，而在法国、意大利、德国、克罗地亚、捷克、俄罗斯、乌兹别克斯坦、以色列、伊拉克和摩洛哥，也都有所发现。

尼安德特人发明的一种石器在法国的莫斯特第一次被发现，所以也被命名为莫斯特石器。当时发现的有刮器、小锯、钻孔石器、磨器和刀具等。这一套工具可以用于屠宰猎物、切割兽肉和对动物剥皮等。很显然，尼安德特人是一种高智商的人类，他们已经拥有了一定的技术和能力，可以在寒冷天气中存活。虽然他们的前额依然向前倾斜突出，他们的脑部甚至比现代人类还要大一些。

有人相信，尼安德特人是最先采用宗教仪式来埋葬他们同类的尸体的，有时候会同时埋进去一些食物，以使得逝者在死后能够享用。而且他们也富有同情心。在对一具老年遗骸研究之后发现，他在死之前有很长一段时间处于半失明状态，而且由于关节炎，他已经瘸腿。但是，在他虚弱的时候显然受到过照料。

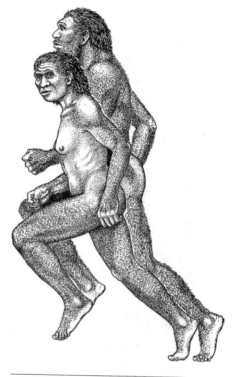

尼安德特人
女性尼安德特人要比男性小一些，不过同样很强壮。

现代人的出现

"克罗马农的老人"，这是科学家们给他的昵称，因为从他的头骨研究表明，他已经大约50岁了。对于一个生活在3.5万年前的人来说，无论如何，都是一个很老的年龄了。在他边上的遗骸中，其中有一具是个女人。他们的遗骸为什么会在一起，没人能够知道。那个女人的遗骸表明，她在生前受到过一定的伤害。

典型的克罗马农人生活在欧洲。从很多方面来看，他们应该被归入现代人类的范畴。大约

在19世纪法国西部的一个洞穴中，偶然发现了一些古老的遗骸，其中包括一个女人、三个男人和一个婴儿。后来证明，这是一个非常重要的发现，他们证实了另一种人类曾经存在。由发现地，他们被命名为克罗马农人。

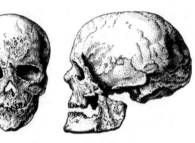

头骨特征（右图）
从头骨看，克罗马农人面部扁平，高前额，低眉骨，下巴突出。

4万年前，他们生活在世界各地。相对于尼安德特人来说，现代人的脸比较短，脑壳较高，额头高，并且没有突出的眉骨。另外一个显著特征是，现代人有很明显的下巴骨、下颚较小、牙齿相对紧凑，大脑约有1 400立方厘米的容量，比起尼安德特人要稍微小一点。一些克罗马农人可以长到1.8米那么高，并且看起来很像现代人类。

　　大多数科学家认为现代人发源于非洲，后来分散到世界各地。但其他一些则认为，在世界各地，有很多人群独自从古老的人类演化到了更为"现代"的人类。有证据表明，尼安德特人与克罗马农人曾经并存过，后来，在大约3万年前，尼安德特人慢慢消失了。是克罗马农人把他们给消灭了吗？或者只是他们在食物和生活场所的竞争中，做得更好一些，使得我们无法从中找到他们原有的特征？还是两种人类合并繁衍了？在现代人类中，有些人也长着倾斜的前额和突出的眉骨。这是不是尼安德特人的基因表现呢？

埋葬同伴们的尸体（上图）
类似于在俄罗斯发现的2.3万年前的墓葬，克罗马农人在埋葬地位较高的人时，也会放入一些装饰物。下半图的老人在被埋葬的时候穿着毛皮所制的衣服，身边还有一千多颗珠子和装饰物。上半图的男孩们穿着串有珠子的毛皮，戴着象牙手镯，边上还陪葬了猛犸象牙制作的标枪。

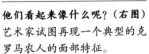

他们看起来像什么呢？（右图）
艺术家试图再现一个典型的克罗马农人的面部特征。

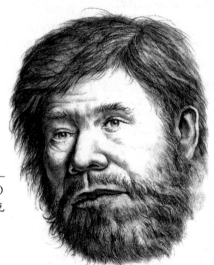

克罗马农人的艺术
在欧洲突然兴起的洞穴艺术和雕刻出自克罗马农人之手。

智人的出现

　　很有可能是智人的机智和高度适应性，让我们能够存活和繁衍。在以往所有的人类之后，我们接替并统治了这个星球。尼安德特人已经走进了历史，他们的最后一代也许生活在现在的克罗地亚、西班牙和葡萄牙一带。1999年，葡萄牙国家考古研究所的若昂·齐里昂发现了一具青少年的骨架化石，研究表明他生活在尼安德特人

　　大约4万年前，智人的演化似乎有了一次飞跃性突破，他们开始制造相当复杂的工具和武器，还给我们留下了非常出色的艺术作品。人类开始拥有创造力，并且发展出整个的社会系统，开始进行交易，并拥有更强的语言能力。

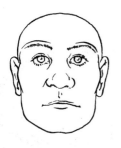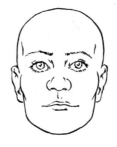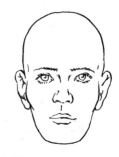

头部的演化
这三个头表明，在演化的过程中，成年人的脸显得越来越年轻。最左侧的脸是尼安德特人的脸，大下颚和大鼻子，头盖骨较低；中间那张脸属于克罗马农人，下颚和鼻子较小，头盖骨较高；最右侧那张脸是基于现代成年人的脸制作的，下颚和鼻子更小，头盖骨更高一些。

时期的末期，被称为尼安德特人与现代人的混血儿。其他科学家则认为，尼安德特人的基因与现代人类有很大差异，使得两者之间的大规模混血很难出现，只是现代人类简单地取代了前者。

很有可能，在社会性行为进化的过程中，现代人类要比尼安德特人优秀一些。现代人类的群体要更大一些，他们的语言也更为完善。在埋葬死者的时候陪葬各种各样的"宝物"的行为，也表明这个群体更为复杂和有组织，并且通常有一个领袖来负责关于生活和死亡的某些特殊仪式。相比尼安德特人而言，现代人类显得不够强壮，不过平均身高要高一些。

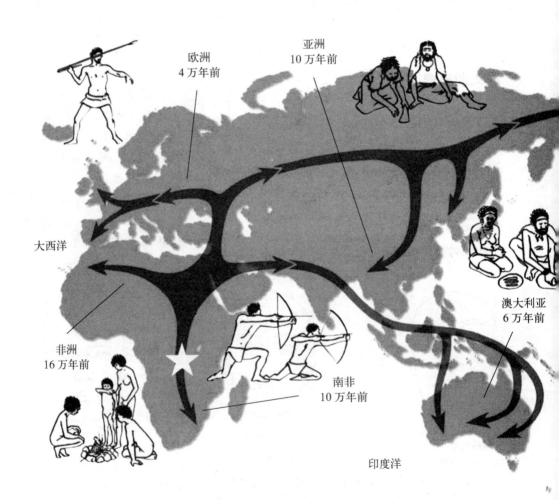

欧洲
4万年前

亚洲
10万年前

大西洋

澳大利亚
6万年前

非洲
16万年前

南非
10万年前

印度洋

随着我们拥有的资料越来越多，我们可以很清楚地绘出现代人类繁衍和迁徙的路线。大约16万年前，现代人类在非洲首次出现。大约10万年前，他们开始离开非洲。6万年前，他们到达南亚地区和澳大利亚。4万年前，迁徙到了西欧地区。大约3.5万～1.5万年前，现代人类已经出现在了北美洲和南美洲。

现代人类的迁徙
目前被广泛接受的观点是，现代人类发源于非洲。在离开非洲后，他们首先到了南亚地区和澳大利亚，然后去了欧洲，最后迁移到了北美洲和南美洲。

太平洋

北美洲
3.5万～1.5万年前

南美洲
3.5万～1.5万年前

遥远的过去
　　在印度尼西亚的直立人化石得到验证后，科学家卡尔·斯维谢表示，直立人可能一直存活到大约2.7万年前。如果真是如此，那他们就可能曾经和智人并存过一段时间。

第三章

在进化的进程中

智力的进化

南方古猿的脑部并没有大于猿类。在人类演化的历史中，只有最近这几百万年来，大脑的直径才有了显著的增加。特别是，大脑各个部分（脑叶）的比例和实际大小有了明显的变化。增大的脑叶能够为记忆和思维提供更强的支持。

在研究人类大脑的进化时，科学家们遇到了一个很大的问题。人体的软组织通常不会形成化石，而是腐烂掉，所以很少有古代人类的脑组织被发现。不过，我们也可以通过测量头盖骨（脑壳）和颅骨的大小来判断。有时候，在头颅的内表面也能发现一些信息。

我们可以通过南方古猿的头骨知道，他们用于控制运动和情感的额叶比现代人类明显小很多。另一方面，他们用于控制视觉的枕叶却和现代人类的生长程度相当。他们的顶叶（大脑各半球位于每块顶骨之下的分隔物），也就是用于采集和接收各种信息的部分，大约是现代人的2倍大；颞叶——用于控制记忆，则有3倍以上的大小。南方古猿可能已经进化到在某些时候可以用两只脚走路，可是他们的智力仍然低下，可能只是

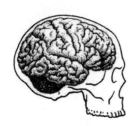

智人
现代脑部大小：1 400立方厘米

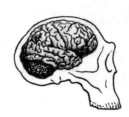

直立人
100万年前的脑部大小：1 000立方厘米

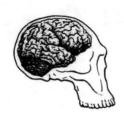

能人
200万年前的脑部大小：655立方厘米

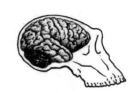

阿法南方古猿
300万年前的脑部大小：425立方厘米

比他们的祖先——猿类稍微高一点。

能人的头盖骨已经增加了很多，大约比南方古猿多50%，直立人则再多50%。而我们的大脑大约是始祖们的3～4倍大。

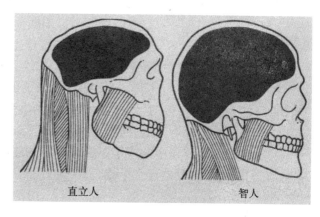

直立人和智人的比较

直立人的下颚肌肉非常有力，由于其头部很重，颈部肌肉相当发达。智人的脑部比较大，脸较短，因此在脊柱上方的脑袋更容易得到平衡，对颈部肌肉的要求也更低一些。另外，由于下颚较小，相应肌肉也要少一些。

直立人   智人

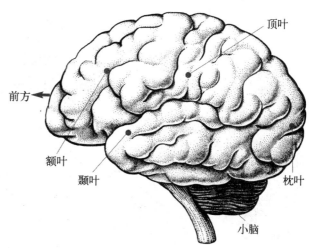

顶叶

前方

额叶

颞叶

枕叶

小脑

人的大脑

人体的大脑是一个非常复杂的结构，其中的各个部分都有各自的功能。最外面的大脑皮层用于控制运动和记录情感，由无数的大脑细胞组成。用一个量化的概念表述，16立方厘米之内的神经纤维如果首尾连接起来将会有1.6万千米那么长。

你知道吗?

大脑越大，就需要越多的能量，而我们通常从富含热量的食物中获取这些能量。我们祖先的食物通常以植物为主，并且吃得也很少。后来食物的品种逐渐增加，包括许多肉类，便增加了他们热量的摄入，在一定程度上也促进了大脑体积的增长。

形体的变化

人类非常独特的一点是用"后腿"走路。直立的时候，"后腿"最上面的那部分向内倾斜，膝盖则直接在躯体的下方。双腿向后和向前的摆动在行走中达到最高效率。在脊椎上，有一个相当特别的弯曲部分，它可以使我们以挺直的姿势站立。使我们巨大的脑袋，也能够在脊椎的上方保持着平衡。在过去的几百万年之中，形体上发生的许多变化，最终造就现在的人类。

另一个在人类演化中的进步是抓取物体的能力。对于大多数猴子和猿类来说，它们的拇指与其他几个手指分开，这使得它们能够紧紧抓住树枝或者其

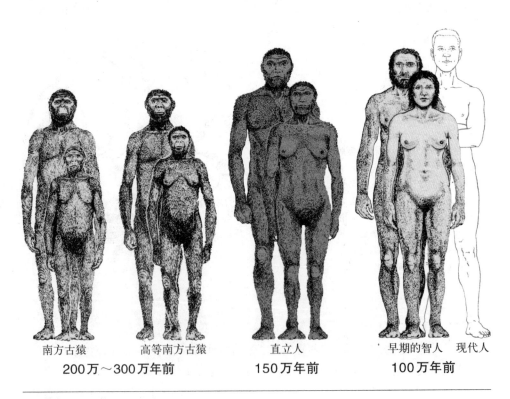

南方古猿　　　高等南方古猿　　　　直立人　　　　　早期的智人　现代人
200万～300万年前　　　　　　150万年前　　　　　100万年前

进化
这些图像给出了一个从南方古猿到现代人类的发展历史。为了比较体形的大小，我们把现代人类画在了智人的后面。其中的一些变化是根据对化石的研究给出的，而另外一些则是猜测。

他物体。而人类的手指更是目前发展进化得最好的。我们可以拾取和使用各种各样的东西，用我们的手可以对它们做到非常精确的移动。这种能力和我们的大脑一起，使得人类的行为与其他生物相比，存在非常显著的差异。

以上这些变化都可以从化石中发现。可惜的是，有些变化我们无从考证。比如说，我们猜测早期的南方古猿和它们的近亲猿类一样，也是黑色皮肤。这个观点看起来是蛮有道理的，因为它们来自热带。当然了，还是有一些猩猩的皮肤颜色比较浅。对人类来说，浅色的皮肤也许只是一个最近才出现的特征，是在从热带迁徙到那些日照比较少的地方后，才逐渐演化的。另外，我们猜测南方古猿全身长满了毛，也和猿类一样。现代人当然不是这样的，我们也有许多毛发，但是大多数都很小很细，所以看起来现代人的身体无毛。与猿类不同的是，我们有许多很发达的汗腺。由于在化石中看不出这些东西，我们不知道这

直立行走
我们的祖先为什么要开始直立走路呢？是为了能够越过热带草丛看远处的东西，还是为了涉过浅水？

个变化是什么时候发生的。有些人猜测那是在我们的祖先需要进行一些长时间的体力活动的时候，比如说在旷野中追赶猎物。另外，没有人知道直立人身上的毛发有多少。在寒冷的天气里，至少有几千年的时间，他们已经懂得穿衣服来御寒，使得那些人的皮肤也许已经和我们的皮肤比较相近了。

知识窗

有一些变化仍然在发生。我们的祖先拥有相当大的下颚和牙齿，而我们的则小得多。在过去的几千年里，欧洲人的下颚也有细微的变化。由于我们平时大都吃一些煮得比较软的食物，巨大有力的牙齿已经没有必要了。今天那些牙齿很大的人大都来自食物以生肉为主的群体。

另一种研究我们祖先的方法

每个动物或植物的每个细胞中都拥有一种非常小的储存遗传信息的结构——DNA。克里克和沃森发现,DNA是一种很长的细胞,由两条"带子"盘旋而成,被称为双螺旋结构。每条"带子"上有一些小小的接点,这些接点能够有选择地搭配成"桥",并且把两条"带子"紧紧地结合在一起。这些"桥"组成了一种特殊的编码,可以控制细胞的功能和特性,进而决定生物体的整体形状和功能。沿着DNA链,许多的编码群便构成了基因。基因可以决定你的各种特征,比如说你的眼睛是褐色的还是蓝色的,头发是浅色的还是深色的,有一个大鼻子还是小鼻子,等等。身体中基

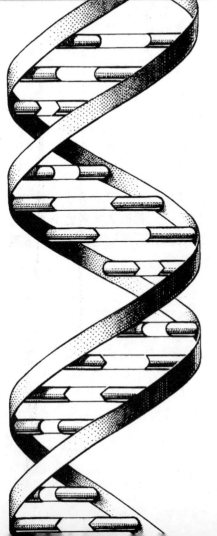

DNA(左图)
任何动物或植物的每一个细胞中都有这样储存遗传信息的结构,我们称其为DNA。

因的构成部分一半来自母亲，另一半来自父亲。

科学家们猜测那些看起来长得很像，又有一个共同祖先的动物，应该有相似的基因。事实也确实如此。比如说，和一只蠕虫或者海星比起来，你的基因和一头牛的要相似得多。通常，基因比较的结果和解剖学研究的结果很相符。科学家们还发现人类的DNA和黑猩猩的非常像，相似度能达到98％，真是不可思议。这也是和我们人类最相似的基因了。其他的猿类在这个方面与人类的距离则要远一些。

从这些研究的结果，也许我们可以说，黑猩猩和人类曾经有一个共同的祖先。黑猩猩和早期人类化石的分布很清晰地表明，这些祖先应该生活在非洲。

行为（右图）
简·古道尔对黑猩猩做了无数次的野外观察，她发现它们的行为要比以前人们所认为的复杂得多。

黑猩猩的面部表情（下图）
跟我们一样，黑猩猩用面部表情来表达情感。下面从左至右依次是它们的一些情感模式：悠闲、问候、微笑、发怒。

在生物演化的历史上，有时候可能会有突然的飞跃。科学家们解释说，在基因复制的过程中，会发生一些损坏的情况，使得复制品和原基因不太一样，可是这种不完美的复制品仍然会遗传到下一代的体内。通常来说，损坏导致的区别很细微，我们很难看得出来。可是，有的时候可能会有很大的不同，使得生理上的特征有着非常显著的改变。对于动物和植物，都同样如此。

更多关于基因的知识

和细胞核中的DNA一样，在线粒体中也有类似的微小结构，它们在细胞中充当了能量的来源。

线粒体DNA在决定性别和繁殖中不起任何作用，它只是被动地、保持原样地从母体进入子体。它唯一可能发生变化的情况，是在制造中偶尔出现的随机错误，或者称其为突变。人体中的一段线粒体DNA序列已经被测定了，从而也能知道其中的化学编码。这种突变的概率是非常低的，可能1万年才

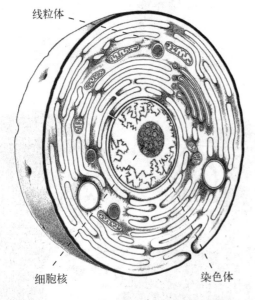

线粒体

细胞核

染色体

细胞结构
细胞中有一个包含染色体的细胞核，染色体则由DNA构成。细胞核中的DNA一半来自父亲，另一半来自母亲。线粒体也包含了DNA，不过都来自母亲。

会发生一次。如果我们已经测得一个相当稳定的分子的突变概率，那么要从母系着手研究人类的源流，这个分子将是一个非常有效的工具。

当布莱恩·塞克斯在牛津大学任人类遗传学教授时，他证实了有可能在古代骨骼的化石中找到活着的DNA。更令人震惊的是，线粒体DNA的研究表明：全世界几乎所有具有欧洲血统的人，无论他们现在住在哪里，都是从七个女人中的其中一个繁衍而来的。这样的人的总数大约有6.5亿，甚至更多一些。塞克斯称这七个女人为"夏娃的七个女儿"。

对线粒体DNA的研究也得出了一些非常有趣的结论。我们知道很多有非洲血统的现代人，他们之间的线粒体DNA差异比世界上其他人之间的差异加起来还要多，这样的DNA只在一代代的女性之间遗传。这说明，人类最早是在非洲进化的，在那里，长时间的进化形成不同的种群，而那些中途迁徙出去的人只是其中极少的一部分。

而通过线粒体DNA的对比，也可以知道，尼安德特人和现代人类其实截然不同。现在一些科学家相信，如果现代人类沿进化脉络回溯，都能找到一位非洲的女始祖。她可能生活在距今20万年以前。

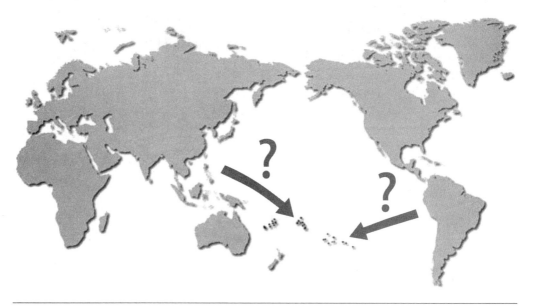

祖先

波利尼西亚的岛民本是来自美洲，还是来自东南亚呢？前一种推测依据的是洋流的走向，而后一种则是以他们饲养的家畜而推测的。线粒体DNA的研究表明，他们与东南亚的居民更像一些。

你知道吗?

一种不可见的"链"将你的身体与地球上最古老的人类联系起来。基因（上图1）是组成人体内DNA（上图2）的基本结构，它们从祖先遗传而来。每个基因都携带了一些遗传信息，告诉那些细胞该如何来构建并行使各自的功能。染色体（上图3）由DNA组合而成。当许多的染色体结合在一起的时候（上图4），细胞核（上图5）便形成了。每个细胞还包含了一些核外的基因，它们经历了20万年漫长的时间，从最早的现代人类一直传递到了我们的体内。

第四章
远古生活

早期的工具

我们所知道的最古老的工具可以追溯到300万年前,由一些敲打出边角的石块和从某些岩石上敲下来的锋利石片所组成。不过在此之前,树枝、动物的骨头和鹿角已经被广泛使用了。

在这之后,有很长的一段时间,直立人制造并使用一些简陋却有效的工具,比如手斧和切骨刀。早期的智人可能也使用类似的工具。在10万～3.5万年前,尼安德特人开始制造比较

猿类从地上捡起树枝或者石块作为武器,扔向目标。有时候,它们也使用嫩枝来寻找食物。然而,当我们的某个祖先试着敲打和磨制石块以使它成为一个更好用的工具时,他不经意地跨出现代人类标志性的第一步,那就是制造和使用工具。

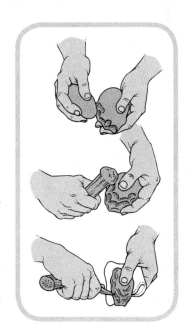

制造一个燧石工具
用石锤可以敲打出大致的形状(上图),然后可以用软一些的骨槌来加工(中图)。边缘可以用加压剥离法来修整:将一个尖锐的东西压在边缘上,直到一个小石片最终脱离下来(下图)。

高级一些的工具，比如刮器、有刀背的刀、钻孔器和小锯子，还有能够安装在标枪上的枪尖等。尼安德特人采用了一种"勒瓦娄哇技术"，在一块光滑材料构成的石头（如燧石）上敲打，以得到一些具有特殊形状的石片。这些石片需要继续进行加工，才能得到他们所需要的工具。

　　尼安德特人之后的克罗马农人在制作工具方面做得更好。在西欧，人们发现了一系列制造工具的"文明"，它们大致以时间顺序更迭。随着时间推移，工艺显得越来越精细。有制作精美的叶形刀片、燧石小刀、箭镞、钻孔器，还有精致的鱼叉、鱼钩和骨质的枪尖，甚至还有象牙制作的工具。随着工具和武器的制作越来越复杂巧妙，狩猎和打鱼也变得越来越容易，这也促使更大的群体得

你知道吗？

　　在美国科罗拉多州的某处，一些大约有1万年历史的工具和几百只北美野牛的骨架，被一起挖掘出来。这使得一些专家推测，即使是在那么古老的年代，社会群体中已经有了专业的屠宰者。

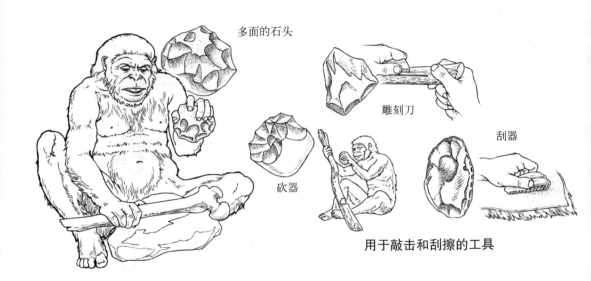

多面的石头

雕刻刀

砍器

刮器

用于敲击和刮擦的工具

以生存下来。

　　在当今世界上的某些地区，人们仍然在使用石器时代的某些工具。这样的群体有南非的丛林居民和澳大利亚的土著居民等。研究者们在向他们学习的过程中了解到这些工具的制作和使用方法。

高级工具（右图）

在新石器时代，人们已经可以用锋利的石器，加工动物的骨头或者鹿角，以制作非常精细或者复杂的工具，比如鱼叉（图1、图2）或针（图3）。

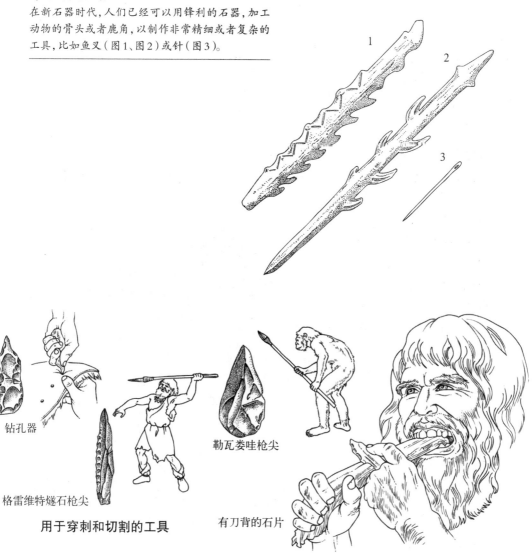

钻孔器

格雷维特燧石枪尖

用于穿刺和切割的工具

勒瓦娄哇枪尖

有刀背的石片

打　猎

虽然在今天看来，我们的祖先懂得的很少，但事实上，他们非常聪明。由于徒步追赶和捕获猎物非常困难，他们通常会设置一些陷阱，而弓和箭是相当晚的时候才被发明的。如果运气好，有大的动物掉进陷阱，他们就不只是有肉吃了，还可以有毛皮来做衣服穿。有时候，整个部落都会参与同一次狩猎行动。如果一群动物被盯上了，它们或许会被一直追到悬崖边，最后被迫从上面跳下来摔死。尸体会被带回营地，用锋利的石刀和刮器把肉从骨头上分离下来。

我们还知道他们使用了一些更为狡猾的方法。有时候，猎人们会穿着动物的毛皮，假装成它们的同类，慢慢靠近，然后突然袭击。这种时候，那群动物中最小和最弱的个体往往会被选为目标。小型动物可以用石头砸死，或是用石头反复捶打，然后做成美餐一顿。

早期人类打鱼的时候，只是用标枪来刺大鱼。后来，他们发明了专门的鱼叉，简单的渔网也被用于在岸边捕鱼，或有用篮子做成陷阱来捕鱼。在世界上许多地方，这些方法仍然被使用着。

被捕猎的动物
我们祖先的捕食范围很广，从猛犸象到乌龟、鱼类和贝类。在古代营地的遗迹中，往往可以发现他们喜爱的食物的骨头或者甲壳。从古老工具的痕迹可以看出那些肉是如何被切割下来的。

祖先们捕捉动物只是用作食物吗？有时候，我们能在洞穴中发现非常多的动物头骨。也许它们只是作为打猎的战利品展示在那里，可是被排放得那么有序和巧妙，不能不让人怀疑它们也许被用于某种仪式。至今，我们还是不清楚这些头骨的具体含义。

你知道吗？

　　一个25万年前的象骨遗迹在西班牙被发现，曾经有野生象群在那里出没。这似乎暗示着我们的祖先通常会把象群赶到一个坑地或者沼泽中以方便捕猎。这种大型动物能给他们提供充足的食物。在史前时期，马肉也是一种比较常见的食物，甚至现在欧洲的有些地区仍然在食用马肉。在法国，大约1.7万年前的大量马匹遗骸曾被发现。据研究，马群往往是被赶到一个悬崖边，无路可逃，只能等待被屠宰的命运。

石洞壁画家（左图）
石洞壁画的内容往往描绘了人们想要捕食的动物。不过，在画中最常出现的动物往往不是在遗迹中最常发现的种类。

设置陷阱（下图）
那些经过的猛兽，比如说猛犸象，往往会陷入地上一个经过伪装的陷阱中，然后被人类用标枪刺死，或是用棍棒敲打而死。

史前人类的食谱

虽然我们还远远不清楚祖先们具体吃什么，但我们还是有许多线索的。下颚和牙齿的形状，告诉我们他们主要对付过哪些食物。从牙齿的磨损情况和方式，我们还可以得到更多一些信息。有时候，我们可以在人体的遗骸或者营地的遗迹中，发现一些食物的痕迹。可以确定的一点是，在人类演化的过程中，对于食物的偏好一直在改变。

我们所知道的最早的人科动物——南方古猿，和他们的猿类近亲一样，都是以植物为主食的。他们臼齿的形状适应于咀嚼植物。那些巨大而又磨损严重的臼齿表明，一些体形巨大而强壮的南方古猿经常吃一些坚硬的植物，而其他种类则主要以柔软的树叶为生。非洲南方古猿则和猩猩类似，喜欢吃水果。用显微镜对牙齿磨损情况的观察证实了这一点。在显微镜下可以清楚地看到，不同的食物会在牙齿表面留下不同的刮痕和凹槽。科学家们能够很容易区分平时吃肉的牙齿与吃素的牙齿，甚至可以辨认出所吃的这种植物是水果、树叶，还是从地下挖出的带着些沙土的块茎。

能人可能摄入一些肉食，大多数还是从其他食肉动物的尸体上刮下来的腐肉。在人类历史的早期，许多被工具砍过或者刮过的动物骨头上都有一些牙齿啃

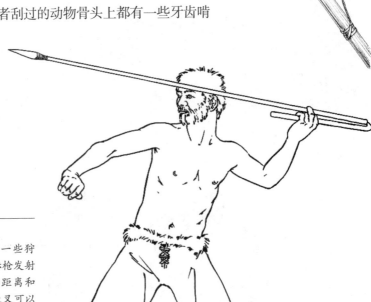

投掷标枪

克罗马农人发明了一些狩猎的新技巧，例如标枪发射器可以增加投掷的距离和威力，还有鱼钩和鱼叉可以更容易地来捕鱼。

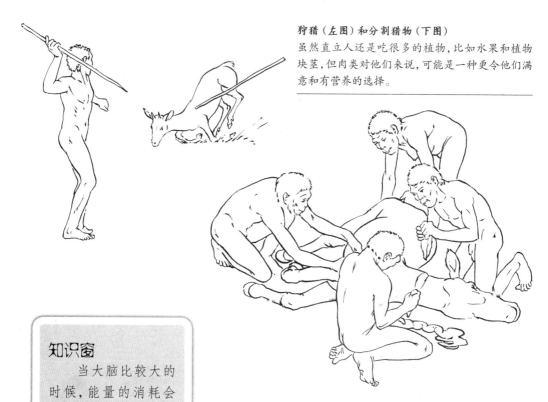

狩猎（左图）和分割猎物（下图）
虽然直立人还是吃很多的植物，比如水果和植物块茎，但肉类对他们来说，可能是一种更令他们满意和有营养的选择。

咬的痕迹。在直立人时期，肉类则占了更大的食物比重。虽然狩猎对他们来说还是相当危险的，不过还是有证据表明他们已经开始了这种行为，从狒狒到象类都成为他们的目标。在某个时间点，他们开始懂得使用火，这样就可以使得肉类和坚韧的植物要嫩或软一些。相对于植物而言，肉类能够提供更多的能量。而这种获取肉食的能力，也许是直立人能够迁徙到寒冷地区的影响因素之一。

在大多数现代人类的食谱中，肉类占了相当大的分量。当然，这个比例在不同地区是不同的，这取决于各地的具体情况，包括哪些动物是他们能够捕捉到的。在寒冷的地区，有些部落基本上以兽肉和脂肪为生。以我们的当代观点看来，也许这样的食谱是不够健康的，可是对他们来说，他们需要很多兽肉所提供的能量来维持日常活动。

食人者

在西班牙北部的阿塔普埃尔卡地区，古生物学家们发现了一个早期人类遗迹。那是一个被称为"众骨之坑"的洞穴，洞穴里有许多人骨化石，包括头骨、肋骨和人体的其他部分。

最令人震惊的是，在这些有着80万年历史的人骨上，有一些被刮掉附肉的痕迹，还有被石器砍过的、刮过的或者敲打过的痕迹，与在动物的骨头上（比如鹿骨上）发现的痕迹是一样的。我们只能猜想，这些人身上的肉也是被刮下来吃掉的。为什么会出现这种食人的行为，我们还不清楚。也许是部落里已经过度缺乏食物，吃人肉也是无奈之举；又或者，是因为某些仪式。越到近代，这种食人的行

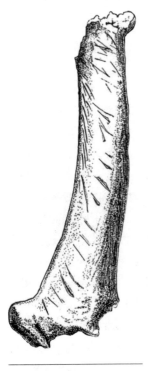

被屠杀的人的骨头
一块上面有许多割痕的骨头，似是尖锐的石器造成的。

为越少。不过在某些曾经有过这种习俗的部落里，还是有人相信，在某个杰出的人死后，如果其他人能够吃到他的肉，他们就能更强壮或者更聪明。甚至有这么一种理论，家庭成员吃死者的肉是对他一种尊敬的表现。

在法国东南部的默拉戈西洞穴发现的尼安德特人遗迹中，也有一些采集人肉和骨髓的痕迹。在这个10万年前的人类居所中，有两个成年人、两个少年和两个小孩被认为是被屠杀的。他们的脑壳已经被敲碎了，科学家推测，大脑部分是被其他人给吃掉了。另外，还有一个人的舌头也被割掉了。

尼安德特食人者

没有任何理由认定早期人类将食人作为一种正常的生活方式。但不能否认的是，至少有时候，他们还是会这么做的。

你知道吗?

在美国科罗拉多州西南部的一个叫做牛仔沃什的地方，考古学家们发现了一个古老的村庄。在那里，有7具未被埋葬的、肢解了的人体遗骸，他们的肉看上去是被用作了食物。排遗物的化石（粪化石）的检测也表明，当地曾经是一个人类聚居地。一些科学家认为，这些村民被吃以及之后产生的排遗物，可能说明原住民被一个入侵的部落或群体消灭了。但也有可能是在饥荒时，他们被自己人给吃掉了。确实，在这个村庄彻底无人居住的大约1150年之前，当地有过一段非常糟糕的干旱时期。

早期的疾病

我们祖先的遗骸已经成为珍贵的化石，可以告诉我们他们长什么样以及他们的生活方式是什么样的。有时候它们也可以告诉我们，他们生前所受到的伤害和所患疾病。牙齿的磨损和发育情况，可以让我们知道在他或她死的时候已经多大年纪了。那些长骨和它们的两端，也可以帮助我们推测他们临死时的年龄。

在东非的库比佛拉，发现了一根女性直立人的腿骨，给我们提供了一些关于当时疾病的信息。腿骨的外表骨细胞排列得相当无序，不是通常强壮骨头那种紧密的样子。从现代医学看来，这种骨畸形，可能是由于摄入过多的维生素A引起的。一些饥饿的极地探索者，常常被迫以北极熊的肝脏为食，结果就因维生素A摄取过多而死亡。而极地探险的幸存者们也有与那个库比佛拉女人一样的疾病。也许她也是吃了某些大型食肉动物的肝脏，比如狮子的。

另外一些爪哇直立人的骨头，则表明他们是因为火山爆发，导致氟化物中毒。

许多尼安德特人的标本，表明那些个体在骨骼上曾有一些病变发生，可能是因为生活艰苦造成的。20世纪早期发现的著名的尼安德特人标本是"拉切贝尔老人"，他的结构相当完整，将其复原后，能看出他是一个有些瘸腿的、驼背的、矮于当代人的类猿物种。五十年之后，英国解剖学家凯夫和他的美国同事施特劳斯，重新研究了这具遗骸。根据他们的研究，它生前患有非常严重的关节炎，才使得其脊椎弯曲。尼安德特人的平均身高和现代人类其实是差不多的。凯夫表达得更直白，他宣称，如果一个尼安德特人在洗浴后，剃掉满身的毛发，再穿上正装，恐怕很难从一堆现代人中将他区分出来。

1856年挖掘出的第一个尼安德特人，在生前也有一些疾病。他的左臂断了，因而很难派上什么用处。另外，他还有很严重的关节炎。他之所以能活那么久，肯定是因为群体中其他人的照顾。2002年4月，一个瑞士苏黎世大学的生物学

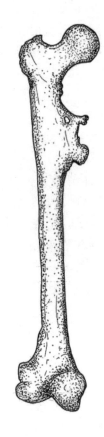

带有疾病的骨头
这是一段在爪哇发现的直立人的大腿骨。

家发表了他对一个头骨的研究报告。头骨上面有一个洞，可能是另一个尼安德特人用工具敲打而致。虽然有时候尼安德特人有些暴力，但是那个头骨上的一些小碎片被人重新拼合了，并且有人照顾伤者直到痊愈。看起来，尼安德特人还是有相当的社会意识的，而且也相当富有同情心。

一些尼安德特人的遗骸中有佝偻的迹象。通常，这种疾病是由于饮食中某些营养摄入量不足，致使腿骨弯曲。在今天的某些贫困地区，仍然存在着这种病症。

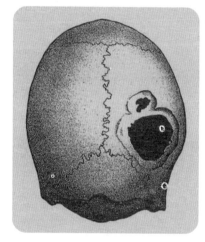

头骨上的穿孔
也许这是最早的外科手术。用锋利的燧石工具，在一个智人的头骨上穿孔。也许这是试图把病人的疯癫或者癫痫治愈。

遥远的过去

尼安德特人所受的伤害也许可以告诉我们一些关于他们生活的细节。有人分析了大量骨骼化石上愈合的伤口，这些伤口大都发生在头部和上半身。同样的现象在牛圈骑手的身上也存在。这些现象似乎表明，尼安德特人和大型动物有着近距离的接触，或许并不只是作为骑手，还作为猎者，为了捕获和猎物进行过近距离搏斗。

尼安德特人的骨头
下图是在拉切贝尔发现的早期尼安德特人的一些骨头，其中包括两端带有关节炎病症的长骨和畸形的椎骨。

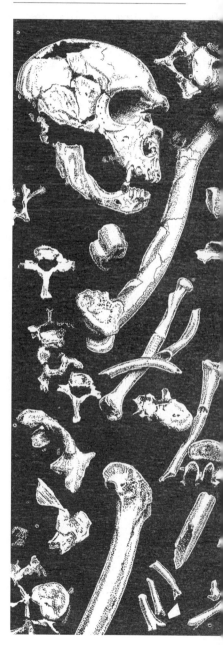

远古的流浪者

基本上可以肯定非洲大陆是我们人类（智人）的发源地。非洲与亚洲是相连的，并且通过西亚，非洲和欧洲也连在了一起。所以也很容易理解，他们慢慢地扩散到了亚洲和欧洲等所有能够获取足够食物的地区。可是，由于海洋的隔离，澳大利亚和南、北美洲与亚欧大陆是分离的，那么他们是如何到达这些地方的呢？

一些科学家猜测，古代人类从非洲迁徙到东南亚，可能是沿着海岸线走的。在那里，他们可以比较容易地捕捞贝类作为食物。虽然这一段距离很长，但其实他们可能并没有花很长的时间完成。计算表明，即使人们每年只向东迁徙1千米，不到1万年时间也能到达东南亚。实际上的过程也许会比这个估算结果还快许多。

在上一个大冰期的很多时段内，世界上的许多水都以冰、冰川的形式存在，液态水不多，因此当时的海平面比现在要低得多。在东南亚如今是岛屿的地方，例如爪哇岛、苏门答腊岛，当时是和大陆连接在一起的。这使得人们可以很容易地扩张到那些区域。澳大利亚一直都是一个岛屿。原始人类也许可以乘坐原始简陋的小船过去，每次的航行甚至不超过65千米。澳大利亚天气暖和，也许在欧洲寒冷的大

穿越白令海峡

在冰川之间，曾经有一条路桥连接了西伯利亚和如今的阿拉斯加州，现在这个地方已经成为白令海峡。虽然当时的气候和各种条件可能会很恶劣，可至少还是给当时的人类提供了一条能够穿越的路径。

冰期之前，就已经有现代人类在那里居住。我们可以确定的是，在4万年前，澳大利亚已经有现代人类了。也许更早一点，在6万年前就有了。有人研究了那里的野生动物生活史以及在那里曾经发生过的丛林大火。他们据此认为，人类的出现在澳大利亚可以追溯到10万年前。

我们还不清楚第一批人类到达北美洲的具体时间，也许距今还不到2万年吧。不过在1.1万年前，人类已经遍布整个北美洲和南美洲。

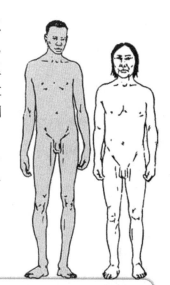

知识窗

　　在我们祖先迁徙的过程中，他们经过了不同的气候带，身体也在几千年的时间里慢慢适应这些气候变化。在热带，深色或者黑色的皮肤是一种优势，因为它们能够产生黑色素，可以阻止过强的太阳光带来的伤害。而白色的皮肤由于无法产生黑色素，在强烈的阳光下会脱皮或起水泡，所以白皮肤更适应多云的、比较凉一些的气候，只需要吸收足够的紫外辐射，借此产生身体健康所需的适量维生素D。那些生活在温带的深色或黑色皮肤的人，有时候反而可能会缺少维生素D，严重的时候可能会导致佝偻病（一种骨头疾病）。

最早的人类房屋

洞穴是很好的避难所，可供早期人类躲避恶劣天气和凶猛野兽。不一定是很深的洞穴，通常一块凸出岩石的下方，也可以给他们提供一个不错的住处。有时候，洞穴也会被用来储藏食物或者埋葬逝者。但并不是所有人都住在有山洞的地方的，那么，他们在野外的时候又是怎么居住的呢？

早期人类在旷野上所造的棚屋，到如今基本已经荡然无存了。不过，还是有很多古代的屋子被发现和挖掘出来。

人最初自行搭建的家，通常是帐篷或者简陋的棚屋，由一堆树枝搭出基本构架。2000年的上半年，在日本东京附近，发现了一些直立人搭建的屋子的痕迹，大约有50万年历史。它们的位置正好处在附近的火山最近一次喷发出的火山灰层上面，所以，我们可以准确地推测出它们搭建的时间。在火山灰层中，钻有十个孔，用来插棚屋的柱子，每个屋子五根。在其中，还发现了一些石器。主体屋架的上面可能覆盖着一些带叶子的枝条。这些棚屋是用来长期居住的，还是仅仅住一两个晚上？这些我们还不得而知。同一年的晚些时候，在日本又发现了一些更古老的棚屋基座，由上述那

你知道吗？

原始人类需要做很多工作，才能完成一栋房屋的搭建。其中一个屋子需要95头猛犸象才能造成。并非所有这些猛犸象都是人类捕捉到的，有些骨头上面有动物撕咬的痕迹，估计是受到了别的动物的袭击，骨头随后被人类捡到。猛犸象的下颚骨用来咬合和连接其他部分，使得整个建筑更为完整和牢固。一只小猛犸象的头骨就重达100千克，因此其头骨往往可以起到压镇的作用。

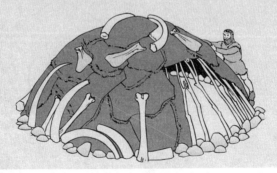

些火山灰上的棚屋的时间推定,这些棚屋至少已经有60万年的历史。

在乌克兰,考古学家们找到了一些尼安德特人建造的大型棚屋的痕迹。他们用动物的皮来覆盖棚屋,在毛皮的边缘用猛犸象的骨头压住,避免毛皮滑落或掀开。尼安德特人相当擅长修筑帐篷。在法国南部的尼斯附近,发现了一个洞穴,尼安德特人在洞穴入口处又建了一个帐篷,以提供更好的御寒措施。

后来,现代人类在乌克兰的寒冷气候中狩猎,他们需要在野外建一些屋子,这些屋子不再用动物毛皮或猛犸象骨头了。这些被称为"长屋"的房子,可以达到33米长、5米宽。三个或更多的卵形棚屋共用一个简单覆盖在上面的屋顶,这个屋顶把几间屋子连接起来,使得几个家庭可以在一个屋顶下过冬。他们还可能修建一些小的棚屋用来避暑。

最早的人造房屋
这幅图列出了一系列在野外的棚屋,大约有40万~50万年的历史。

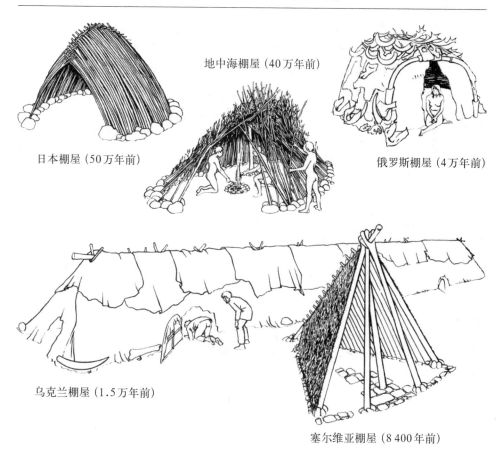

日本棚屋(50万年前)

地中海棚屋(40万年前)

俄罗斯棚屋(4万年前)

乌克兰棚屋(1.5万年前)

塞尔维亚棚屋(8 400年前)

语言的出现

鸟类通过鸣叫来阻止其他同类进入它们的领域。猴子则可以用不同的声音传达各种内容,比如对食肉动物的警报。人类的独一无二体现于我们拥有一套非常完善的语言系统,可以表达非常复杂的意思。那么真正的语言是什么时候出现的呢?

在我们大脑的左半部分,有两块区域是与语言能力有关的。布若卡氏区控制着舌头和嘴巴的肌肉,从而控制发声。韦尼克区则同时负责语言的结构和语感。

在猿类的头颅里,有一个可能类似布若卡氏区的小肿块。经过对头骨化石的研究发现,随着南方古猿、能人、直立人、智人从古到今的演化,布若卡氏区变得越来越大。但是很可惜,我们还是没弄清楚真正的语言是什么时候产生的。

早期人类在相互交流的时候,可能只是通过一些简单的咕哝和手势。一种复杂的语言要出现,一个必要条件是拥有合适的嘴巴和咽喉结构。在猿类中,喉部处于咽喉中比较高的地方。猿类和我们不同,它们可以一边呼吸一边吞咽。对于现代成年人来说,喉部则处于咽喉的下部。这种结构增加了咽喉的长度,也增强了发声的灵活性。有意思的是,人类婴儿的喉部和猩猩一样,也处于咽喉上部。直到大约18个月大小的时候,才慢慢改变,而这正好是他们开始会说话的时候。

人类的颅骨拱起得相当厉害,而猩猩和人类婴儿的后脑则要平坦得多。那

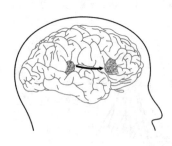

语言中心(上图)
左侧大脑有一些中枢联结在一起,可以产生在颅骨化石中也能看到的肿块。

喉结(下图)
猿类和人类不同,猿类的喉结(发声部位)处于咽喉的上方。

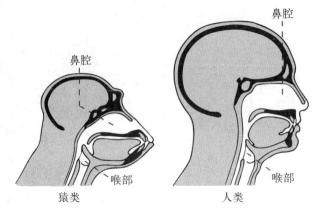

猿类　　　　　　　　人类

256

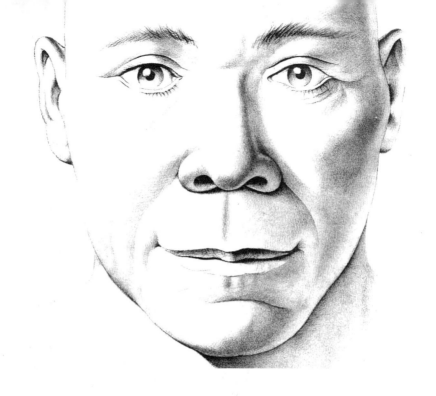

么，通过观察原始人类颅骨化石的拱起程度，我们是不是就能知道，他们拥有什么样的喉部、是否能够说话？

南方古猿的喉部和猿类很像。直立人的喉部位置可能要低一些，但是也还没有现代人类那么低。也许他们已经可以开始说话，只是说的内容还没有现代语言那么丰富和复杂。智人则有一个很低的喉结，已有能力使用真正的语言了。

有些人认为制造工具的历史可能和语言的历史有关。直立人已经开始制造一些有标准样式的工具，那是不是有人用语言将制造技术告诉其他人呢？可是在很长时期内，工具的样式都没什么改变，也许当时的语言还很贫乏，所以无法将复杂的技术传授给别人。智人制作的工具要丰富许多，是不是表明他们的语言也要复杂许多？在克罗马农人生活的时期，工具的制造和艺术有过一个突然的繁荣和飞跃。有些科学家认为，直到这个时候，我们所谓的真正的语言才正式出现。这个时期离我们相当近，在距今不足5万年前。

知识窗

根据对颅骨的观察，尼安德特人的喉部可能比我们的要高一些。这会不会是他们寿命没那么长的原因之一呢？也许他们不能像我们现在一样，跟其他人用语言自由交流。

史前人类的思想

关于早期人类的信仰和思想，我们知道多少？相对于他们几百万年的历史，目前我们所知的实在是非常非常少。只有当人类开始绘画、塑像和制作其他一些东西，且被遗留下来，我们才有可能从中了解一些、知道一点他们当时正在考虑的事情。

在史前时期，没有任何的文字记录，没有任何所谓的历史记录。但从某些地方，专家们仍得到了一点线索，可以知道祖先们的一些思想和信仰。可是即使对于科学家来说，很大程度上也得依靠猜测。关于祖先们的习惯和日常生活，对我们来说，仍有许多的谜团。比如，没人知道那些小型的"维纳斯雕像"的涵义。整个欧洲西部地区，甚至远至东欧的塞尔维亚，都发现过这类雕像，最早的可能有3万年之久。我们只能猜测我们的祖先非常迷信，而这些小雕像则象征着幸运和繁殖能力强，又或者是一种母神崇拜的表现。

这些时期出土的一些雕刻，可能与一年中某些特殊时段出现的动植物相关联。它们可能是某个季节的象征，也可能用来表示特殊的日子。这种猜测的直接证据很少，可也是了解古人生活的寥寥几种尝试方法之一。

人类向往死后的另一个世界。这种信仰已经存在了几千

知识窗

大卫·刘易斯-威廉姆斯教授是南非的考古学家，他曾经提出一个理论：在世界各地发现的许多史前洞穴画，描绘的都是梦里发生的场景，或者是作画者在被部落医生、巫师催眠的时候，恍惚中看到的景象。这个理论建立在对非洲萨恩人的观察基础上。可是，有很多科学家强烈反对这种观点。许多科学家相信，这些2万年前的人类是怎么想的，我们永远也无法真正弄清楚。

年。尼安德特人仔细地埋葬死者,从这个细微的举动就可以看出,他们已经有了这种想法。后来的克罗马农人则将埋葬死者的过程仪式化,有时候会陪葬一些生活中非常重要的东西,例如工具、武器、装饰品、珍宝,甚至还有让死者死后继续享用的食物。也许我们永远也无法得知是什么让古代人产生此类信仰。

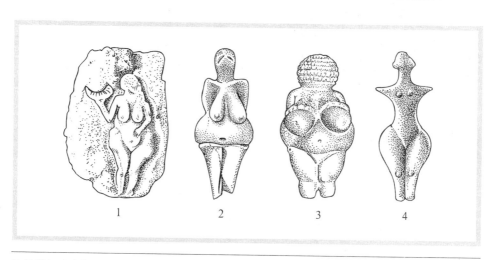

维纳斯小型雕像

在许多欧洲的史前人类居所,发现了一些用石头或象牙制作的小雕像,它们以夸张的手法表现了妇女的特征。

1. 法国　　2. 摩拉维亚　　3. 奥地利　　4. 摩拉维亚

服 装

在早期的热带生活中，人类基本上不需要穿衣服。后来，人类开始向地球上较寒冷的区域迁徙，要想挨过寒冷的夜晚，就需要在身上披裹动物的毛皮。渐渐地，人们能够用一些工具和材料来固定毛皮，衣服的雏形开始出现，甚至出现了鞋子。在第四纪大冰期的欧洲和亚洲北部地区，某类衣服已经出现并被穿着了。

洞穴艺术中描绘的动物图像远比人类的多，他们画在岩石上的人类画像往往都是模式化的形象，并且大都是在不需要穿很多衣服的地区发现的。因此，我们很难知道关于古代人类衣着的信息。考古学家在俄罗斯发现了一些大冰期遗留的小雕像，这些雕像显示那时候的当地人大都身着毛皮。但是我们找不到关于远古衣服的直接证据，因为它们早就已经腐烂了。另外，我们发现了很多小件的装饰物。看起来，我们人类在很久以前就开始喜欢佩戴各种各样的装饰品了。

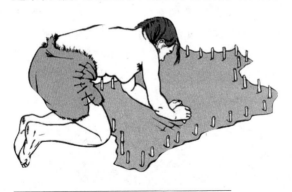

制作衣服
人们在去除黏附在毛皮上的血肉和脂肪后，用锥子在毛皮上穿孔，将筋腱制成的线从孔中穿过去，将毛皮缝制在一起。

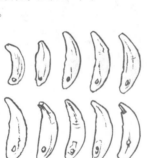

动物的牙齿（左图）
这些犬齿上被仔细地打了孔，然后可以用线穿起来成为项链。

我们可以大胆想象:祖先们已经知道如何处理猎物的毛皮,例如狼、狐狸、野兔和鹿的毛皮。他们刮去毛皮上的脂肪后,将毛皮裹在身上。毛皮是一种很好的保暖衣物。在新石器时代,骨针的使用已经十分普遍。古代人类用筋腱做线,通过骨针将毛皮缝合起来,制作成衣服。

动物的皮也可以用来制作靴子,防止在外行走或者打猎的时候脚受到伤害,在冬天也防止脚被冻伤。夏天的时候,人们将草或者芦苇系在脚上,制成临时的鞋。

很久之后,才出现了布做成的衣服。人最开始用芦苇或者灯芯草编织席子、篮子,可能受到这一点启发,人们开始想到用编织的布来做衣服。

项链
这是一条在捷克发现的古代贝壳项链。

骨针
这些骨针是用马骨切成的细条做成的,骨针的一端都有一个小孔用于穿线。

最早的艺术图片

在纸张和文字发明之前的很多年，我们的祖先就已经开始在洞穴的墙壁上作画、描绘大自然了。在克罗马农人2万年前的壁画中，巨鹿、长毛的犀牛、猛犸象、野马、成群的美洲野牛和欧洲野牛，都只是其中出现的一小部分动物而已。

西班牙北部的阿尔塔米拉洞穴壁画，是最著名的洞穴壁画之一，该洞穴在1879年被发现。而后在1940年，一群小孩子在法国西南部的多尔多涅附近，发现了一个画满了壁画的洞穴，那就是拉斯科洞穴壁画。不过这些岩石壁画并不仅仅局限在欧洲，澳大利亚的原住民和非洲某些地区的居民，也在岩石上作画。

早期描绘动物和人物的画，通常是粗陋地雕刻在一些小东西上。从大约2万～1万年前，一些欧洲的洞穴画家开始给我们留下非常宝贵的财富。许多画的风格是比较写实主义的，忠实地表现了作者眼中大自然的形象和颜色。画家有时候会根据洞穴的形状来表现画的轮廓和格局，因此要分辨画的到底是什么动物并不难。比如说长毛的猛犸象，画得跟我们在欧亚大陆北部的冻土带所发现的冻体遗骸一样大。

一般来说，关于人物的画像是非常少的。即使有，大多数也是非常模式化的。把手按在墙上，用颜料在手的周围涂抹，这样就留下了一个手的"阴印"。洞穴画的颜色在今天看来仍旧是不可思议的鲜艳。人们使用一些自然的泥土颜料或者木炭，将之捣碎，并和油脂混合，这样就可以得到一些深紫、黑色和阳光似的黄色，还有鲜亮的

弓箭手
这是一幅在西班牙发现的新石器时代的画，当时人类已经发明出了弓和箭。图中是一个弓箭手拉满了弓正要放箭，那只持弓的手上还握着其他三支箭。

红色,等等。人们用手指或者小树枝把颜料涂抹到墙上。喷画的技巧可能是用嘴吸入颜料,然后努起嘴,将之喷出,或许是通过中空的植物的茎喷出。

我们不清楚他们为什么作画。其中出现的大多数动物,都是他们狩猎得到的,所以,也许这些画被用来记录他们的狩猎成就。或许,他们认为这是种召唤魔法的方式,可祈求以后的打猎能够顺利。当然,有可能这只是一种装饰。

洞穴艺术家们使用的照明设备是非常简单的油灯,往往只是在一些凹形或中空的石片上倒入动物油脂,十分简陋。因此,他们需要花很大的精力和十足的技巧来作画。依此推测,也许当时在这些幽深的洞穴中,确实进行着某种特殊的仪式。

你知道吗?

虽然大多数的壁画都是写实主义的,仍然有些作品看起来很难理解。在法国的三兄弟洞窟中发现的一幅画,描绘的是一个半人半牡鹿的动物。这是一个穿戴着面具和特别装束的巫师,还是一种奇怪的生物?

遥远的过去

虽然许多壁画都是很精致的,而且我们的祖先在绘画方面也非常有天赋,可有时候还是很难弄清楚一群动物到底是什么种类。这是绘画时的不准确造成的,还是古代艺术家们的有意为之呢?对于这一点,在学术界还存在着很大的争论。

保护古迹

在拉斯科,人们新建了一个洞穴,并复制了原有洞穴的壁画,来接待游客。这样就可以减少对原洞穴的破坏。

263

远古人类的音乐

智人区别于其他人属生物的一个特征是他们有着丰富的文化活动,例如演奏音乐和艺术创作。不过我们很难确切知道人类从什么时候开始制作简单的乐器。有些人认为可能是从人类能够流利说话开始的,而另一些人则认为音乐和乐器的出现要更早一点。

许多动物通过发声来进行相互之间的交流。一些啄木鸟用喙敲击树干,告诉其他同类自己的存在。猩猩有时候会重击大树巨大的根部来"说话"。毫无疑问的是,远古的人类也用类似的方式来进行交流,直到今天,还有很多地方用鼓来传递信息。当然这样的敲鼓并不是音乐。要创造音乐,还需要一些不同的表达方式以及演奏某些音律的能力。

石器可以发展成为乐器吗? 和用木头做成木琴一样,我们知道有些现代乐器是用石头做成的,比如石板琴。美国辛辛那提博物馆中心做过一个实验,他们从岩石上剥取下许多的燧石,制作了100种燧石工具。使这些石器相互敲击,证实了它们可以用来创造音乐。将工具的表层磨上特殊的纹样,可以使其发出特别的声音。科学家们用类似古代的石器也做了同样的实验。大多数的石器都发不出悦耳的声音,但有些是可以的。也许它们本就是作为乐器使用的。

我们知道管乐器在很久以前便被发明了。在中国某地,曾经挖掘出30件史前时期的笛子,其中一件居然还可以用来演奏,这些风笛是9 000年以前的作品。在法国发现的骨笛甚至还要更古老一些。骨笛的一般材料是鸟的骨头。最早的笛子,是1995年在斯洛文尼亚发现的。这是一件用熊的腿骨制作而成的

最早的乐器
我们的祖先用各种各样的材料来制作乐器。

乐器，可惜已经断掉了，它有大约5.3万年的历史。也许当年是尼安德特人制作了这支笛子。不过有些人不认为尼安德特人有这样的能力，他们争辩说，是动物的撕咬造成了骨头上的孔洞。不过，看起来没有什么动物能咬出这样的痕迹。另一方面，骨头上面的孔洞，可以按照某种音阶演奏出旋律。一个科学家证明了这一点，他制作了一件复制品，并且用它完成了演奏实验。

在乌克兰的一次挖掘中，也发现了大约2万年前用长毛猛犸象骨制作的乐器。在世界各地，人们采用各种各样的方式来演奏音乐。

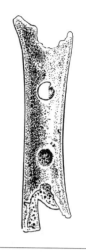

熊骨笛（上图）
这件乐器十有八九是如竖笛一样演奏。

骨笛
这种笛子被用来在捕鸟的时候发出类似于鸟类的声音，以诱惑鸟类进入陷阱。另一方面，它们也被用来演奏音乐。

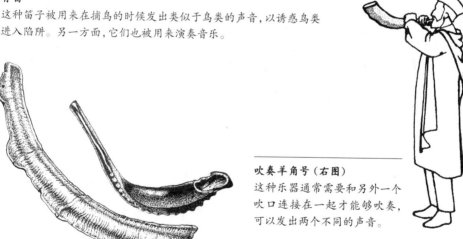

吹奏羊角号（右图）
这种乐器通常需要和另外一个吹口连接在一起才能够吹奏，可以发出两个不同的声音。

你知道吗?
最古老的希伯来乐器是羊角号，至今在犹太人的宗教节日里，它们还经常被用来吹出非常响亮而尖锐的声音。它们的音色类似于喇叭。在整个古代社会，我们的祖先可能将动物的角用于类似的用途。

迁徙中

今天西非的中部地区，有着一些不定居的族群，他们在森林中建造的屋子和一万年前的非永久居所的结构非常相似。

定　居

我们大多数的近亲，比如说猿和猴子，都过着群居的生活。从原始人类开始，似乎也都是如此。不过早期的原始人类和早期的现代人类，他们的群体规模只比一个家庭的规模稍微大一点。当人类生活变得越来越复杂，更大的群体显现出越来越多的优势，人们也更倾向于定居在一个永久的地方。

语言的发展和完善，使得社会交往越来越容易。更大群体的成员之间可以自由交流、传递警告信息、筹划打猎的部署以及传递自己关于各种事情的想法。

在人们开始掌握生火的技巧之后，他们可以用火来烧烤、取暖或是令野兽们害怕而远离居住地。有时候他们需要在一个地方待上一段时间，那就得保证火不会熄灭。如果这个地方非常适合打猎和寻找食物，也许人们会在这里住上很久。一个部落也许会年复一年地在每个相同的季节回到这里。英国约克郡的斯达卡遗址就是这么一个地方。考古学家们认为，大约在1万年前，每年的夏初时节，都有人在这里居住，这种定期居留大约持续了300年之久。这个群体大约有20人左右，他们使用石器和用骨头、鹿角制成的枪尖以捕猎鹿和欧洲野牛。另外，还豢养着一群狗，也许用来帮助捕猎。

在世界上许多地方，都有半永久营地存在的痕迹。大约在1万年前，大多数的人类开始转换他们的生活方式。从流浪的猎人和野生食物采集者，转变为固定村庄的定居者。在那些非常适合种植农作物的地方，例如西亚地区的新月沃土，有着大量的定居者，后来发展成了小镇，甚至是城市。

在每个不同的地方，人们的生活方式都会有所不同，发展速度也会有所差

异。即使是现在,有着如同东京和墨西哥城这样超过千万人口的大都市的同时,也有着在非洲南部的纳米比亚、澳大利亚某些地区那些以打猎和采集为生的、游荡的小群体。

看护火种（下图）
人们用石头围上一圈,避免火势蔓延。在男性外出打猎的时候,看护火种的任务往往由女性来完成。

你知道吗?

一个著名的早期永久村庄,是在塞尔维亚的勒盆斯基发现的,这个村庄靠近多瑙河。8 500年前,大约有100人在这里居住。主要的建筑是一种扇形的木头棚屋。在村子的中央,是间比较大的屋子,可能是村长的住所,并且还可用于会议。大概有总共800年的时间,这个村庄一直有人居住。人们还在这个地方发现了一些神情淡然的人物头部雕刻。

在大约1.3万年前的地中海东岸，人们开始用镰刀收割野生的谷类。1万年前，真正的农业开始出现，人们有意识地播种，取代了过去以打猎和采集为主的生活方式。食物的供应比先前稳定了许多，村落的生活也显得繁荣了许多。一个直接的后果是，地球上的总人口快速增长，但是，一旦由于各种因素导致农作物的收成不好，比如降水量不足或是害虫（如蝗虫）成灾，就很有可能会发生饥荒。

最初的农民

我们的祖先是什么时候开始种植农作物和豢养家畜的呢？最初的农作物又是什么？哪种家畜是养得最多的？

气候的变化有着重要的影响，西亚地区变得比以前要湿润一些，从一个半沙漠化地区变成了林木

收获小麦
早期的农民用镰刀收割小麦（左图和右图1），把麦穗敲下来（右图2），然后用扬谷的方式，把麦粒和不想要的麦秆分开（右图3）。用重物捣麦粒，使得里面的颗粒从麦壳中分离出来（右图4）。这些麦粒可以用来做麦片粥那样的食物，或是捣成面粉，用来做成面包。

稀疏的大草原。那些野草结出一些能够食用的谷粒状果实，为人们提供了充足的食物。一个考古学家曾试着收割这种现代小麦的古老祖先。和9 000年前第一次"收获"季节人们所用的工具相似，他用了一把燧石镰刀来工作，1个小时大约能够收集3千克谷粒。在3个星期的时间里，他收获了一个家庭一年所需的粮食量。再后来，人们懂得播种能得到更好的作物，农业逐渐成为基本的生活方式。

我们所知的最早的真正的农民发现于新月沃土地带——一个在埃及和波斯湾之间的区域。那里种植着小麦、大麦和小扁豆等作物。后来，在大约7 000年前，中国的农民们开始种植其他的农作物，包括水稻和大豆等。5 000年前的中美洲地区，开始出现玉米、豆类和南瓜的种植。

谷物的收割

下图中有齿的燧石镰刀是在北非发现的。

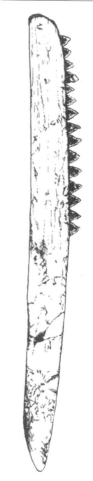

现代家畜的野生祖先（下图）

下面的四种动物是现在世界上大多数家畜的祖先：

1. 欧洲野牛，大约在8 500年前被豢养，它们凶猛、角长。
2. 野山羊，大约在1万年前被豢养，有着一对向后弯曲的角。
3. 野绵羊，大约在1.1万年前被豢养，有着一对长角。
4. 野猪，大约9 000年前被豢养，有着一对獠牙，全身刚毛，吻部很长。

葬 礼

　　尼安德特人是我们所知的最早系统地埋葬死者的人类。我们发现了许多洞穴,他们在那里面挖了许多坑来埋葬尸体。

　　自尼安德特人以来,埋葬死者成为人类社会一种常见的行为,通常还伴随着一些仪式。随着社会越来越复杂,等级制度开始慢慢出现,那些地位比较高的人的葬礼显得尤为重要和正式。他们的坟墓上可能会出现一些特

西安兵马俑
这幅图中显示的只是一个巨大的陶塑军队的一部分,他们需要在秦始皇死后继续担任护卫的职责。

殊的结构,例如石板或者一个巨大的土包。在一些古代文明中,这一点可能更明显。比如古埃及,法老的坟墓极为重要,通常会耗费好多年来修建,而且会在其中陪葬许多珍宝。在中国,皇帝们的葬礼也非常隆重,有时候会陪葬一些死后"生活"的必需品,甚至包括如在中国陕西临潼发现的上千个强壮的兵马俑,也许是用来在皇帝死后护卫他的。2002年上半年,在英国神秘的巨石阵附近进行了一些挖掘工作,发现了一个极不寻常的青铜时代的葬坑。这个坟墓大约是在公元前2300年左右修建的,里面埋葬了一具男性骸骨。当时,一个学校本将在此地修建,发现遗迹后,考古学家马上被召集来对此进行鉴定。这是个古罗马时期遗留下来的葬坑。在骸骨的边上,有很多非常珍贵的青铜时代的物品,显然墓主人相信这些东西在他死后能够继续保护他的安全。

遥远的过去

人们通常认为英国的巨石阵是在古时用来举行某些宗教仪式的。这些石柱排列得非常仔细、有规则,标出了一年中最重要的一些日子。有些石柱重达25吨,有些可能是从威尔士运过来的。它们是怎么从那里运过来的呢?这实在是令人迷惑。

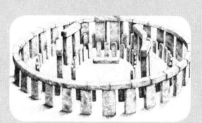

尼安德特人的葬坑(右图)
这是一个大约6万年前人类的葬坑。看起来他的葬礼是在一种受人尊敬的仪式中完成的。

耳环(左图)
在巨石阵附近的一次非常仔细的挖掘中,发现了4 300年前的陪葬品,其中包括这些耳环。这样的陪葬品表明死者生前的地位相当高。

很奇怪的是,这个坟墓并没有一个隆起的土包。不过也许是因为这个区域的农业相当发达,经常被耕犁的缘故吧。考古学家总共发现了大约100件陪葬品,包括一个腰带的扣子、箭头、骨质钉子、用于屠宰动物的工具、铜质的刀刃和喝水的容器等。还有两个非常漂亮的金耳环,看起来是绕着耳垂戴的,而不是像通常那样挂在耳垂下面。这些陪葬品表明墓主人生前是一个非常有权势和影响力的人,也许是一个国王或酋长吧。

早期的文字

可书写文字的出现通常被认为是史前时期结束的标志,同时,真正的文明开始了。文字书写的记录最早在5 000年前才出现,这时候文字刚刚被发明。文字的历史对于整个人类历史来说,只是非常小的一段。看起来,文字至少在三个时间和地方开始出现:西亚、中国和美洲中部。

书写文字似乎都源自象形文字,这是一种关于物体和动物模式化的图像。有时候它们可以连在一起成为一个单词,或者一个故事,或者是一种特殊的指代。发展到后来,这些图像也可以用来表达一些声音,从发出该声音的物体的名称衍生出来。随着发展,这些小图像变得越来越抽象化,很难再看出原先所描绘的物体,这时候它们代表的往往是一种声音,一个音节,或者一个词的一部分。有些现代语言是以这样的方式书写的,比如日语,就是用一些符号来表示各种音节。

撒哈拉以南的非洲岩石艺术
在西非,这种岩石艺术最突出的遗迹在塞内加尔和尼日利亚之间的撒哈南部地区。这幅图描绘了如今马里的一个使团。

某些语言可能有更多表音部分,无法只是通过音节符号来表情达意,最终发展出字母表,然后用字母的组合来造词,进而表达各种意思。比如采用拉丁字母的英语和采用西里尔字母的俄语就都是这样的语言。

在5 000年前的美索不达米亚(现在的伊拉克地区),闪米特人发明了一种图形文字。当时的一个文职人员必须记住大约2 000种图形的含义。这是一个相当大的工程,因此他们后来简化了这种文字系统。他们用芦苇做成的笔把信息雕刻在湿的黏土片上,然后烘干,这样就完成了一个永久性记录。这种文字称为楔形文字,因为大多数的字看起来都是楔形的。

古埃及人则使用一种象形文字系统。初始的象形文字非常复杂,通常写在墓穴或者建筑的墙壁上。后来简化了很多,在日常生活中得到了普遍的应用,可以书写在莎草纸上,这种简化的文字通常为僧侣们所使用。后来又被更为简单的版本所取代了,那就是古埃及的通俗文字。

在古埃及灭亡之后,不再有人懂得其象形文字和通俗文字。直到1799年,罗赛塔石碑在尼罗河口附近被发现,人们才又一次开始研究这两种文字。这块玄武岩的石头高90厘米、宽60厘米、厚28厘米,上面有14行象形文字和32行古埃及通俗文字以及54行古典拉丁文。对照拉丁文,人们开始一个个地辨识其他两种文字。

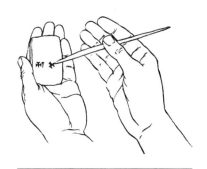

楔形文字
用一支芦苇笔在柔软的黏土片上刻楔形的字符。

交易过程中使用的工具
一个专业的书记员(右)在他的工作中使用着一支笔(左)、调色板(上方中央)和水罐(下方中央)。

知识窗
　　大约3 500年前的古希腊使用一种称为线形文字B的字符系统。1953年,这种文字第一次被破译。刻有这些文字的那块土片提供了西方文明中最早可读、可写的文字的实证。

你知道吗?
　　在美索不达米亚地区,一些文明从象形文字的基础上发展出各自不同的书写文字系统。在中国,文字大约在3 600年前出现。

第五章

漫长的进化时代

大冰期

在地球的历史上，大冰期出现过好多次。有证据表明，在大约7亿年前、4.4亿年前、2.9亿年前都出现过大冰期。唯一一次影响到人类的大冰期是最近的第四纪大冰期。这次大冰期的影响持续了大约200万年之久。在这期间，地球在两种气候下来回变化了好几次：极度寒冷期和相对温暖的交替期。

在冰川运动最盛的时候，在现在的北美洲、欧洲和亚洲北部地区，都覆盖着厚达几千米的冰层。由于有那么多的水都结成了冰，本来是浅海的地方很多都成了陆桥。动物们和我们的祖先可以通过陆桥迁徙到另一个地方。上一次主要的冰川活动期大约从7万年前开始，一直持续到约1.2万年前，其间的强度不停地变化着。

没人知道这些巨大的气候变化是怎么出现的。1913年，塞尔维亚科学家米卢廷·米兰科维奇认为这些变化和地球倾角每2.2万年的变化周期相关，这会影响到极地地区的阳光照射量以及全球的冬季寒冷程度。其他的一些因素，包括洋流的周期性变化，在其中可能也扮演了一个重要的角色。

在冰川活动严重的时候，地球上的气候带也有所移动。寒冷的气候使得冻土地带（一种坚硬的、冰冻住的泥土地带，上面没有树木生长）向南扩展，一直进入到欧洲和美洲。在那里生活着一些现在已经灭绝的动物，如长毛犀牛和猛犸象，还有麝牛。如今麝牛在很少的几个地方还能寻觅到踪迹。撒哈拉

难以置信的是，我们现在正在忧虑全球变暖现象。但也许我们只是处在两个冰川活动期中间。我们所处的这个相对温暖的时期，称为间冰期。

赤道

○ 第四纪冰川的分
布区域

知识窗

冰川是由未融化的雪形成的,比如在瑞士和美国阿拉斯加州。底层的雪被挤压在一起,形成了冰,同时慢慢往下滑动。而上层的雪则随之裂开,甚至粉碎。

地区在当时相当湿润,而真正的热带雨林则消失了。在气候带来回移动的时候,动物和植物们也只能跟着不停地迁徙。有时候可能在迁徙的途中遇到障碍,比如山脉和海洋。有些生物的灭绝和现在动植物分布的情况,也许可以用这种被迫的迁徙来解释。

我们人类演化的最近一个阶段就是在大冰期这样的背景中发生。尼安德特人生活在欧洲的寒冷天气里以及其他一些相对温暖的区域,而克罗马农人则令人震惊地在更北的地方生活着,进行着他们的狩猎活动,那里几乎是大冰期中条件最恶劣的地区。

猛犸象

麝牛

大冰期的哺乳动物
现已灭绝的长毛犀牛大片地生活在欧洲和亚洲北部地区。而另一种已经灭绝的动物——洞熊,曾经生活在大冰期的欧洲。当时的麝牛则分布在欧洲、北亚以及美洲地区,而现在我们只能在北美洲的冻土带发现它们的遗骸了。

长毛犀牛

洞熊

在金属被发现和广泛使用之前的历史阶段叫做石器时代。这段时期所制作的、我们现在能发现的所有工具和武器,也确实都是石料质地。虽然木头和其他材料可能也被用来制造这些东西,可都已经腐烂掉了。在非洲,石器时代约200万年前开始;不过在美洲,它随着第一批居民的出现就开始了。在世界上某些地区,石器时代一直持续到大约6 000年前;而在少数几个地方,石器时代一直延续到现代。澳大利亚的原住民和美洲土著民族,都仍能运用这些古老的石器制作手艺。

石器时代

石器时代的第一部分通常被称为"旧石器时代"。从能人使用的简陋石块,发展到直立人使用的阿舍利手斧和其他工具,再到尼安德特人制作的石片工具以及克罗马农人的刀和箭镞……这一时期被统称为旧石器时代。实际被用作工具的石头可能在各地都不是同一种。在非洲,早期的工具通常

用石头来工作
一些澳大利亚原住民保留着用石头制造工具的手艺。图中的这个男人把一块石头靠在自己的脚跟上,并用另一个石锤敲击。

用石英石和火成岩制成。燧石、水晶和火山玻璃在当时是制作工具非常流行的几种原材料。它们的质地相当坚硬，一旦断裂，可能会产生带有锋利边缘的碎块，用来制作工具确实很不错。

独木舟的制造
燧石刀（右图）用来将一根坚实的木头挖成一条独木舟（下图）。

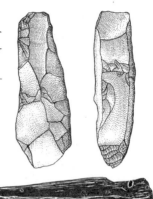

科学家们把大约10 000～5 000年前的欧洲归于中石器时代，这时候的人类主要还是以打猎和采集为生。这个时期出现了一些新的石器种类，例如用于砍树的斧子。木头除了用来生火之外，还用来制作独木舟、桨，甚至是初具雏形的雪橇和滑板，使得人们能够在雪地或沼泽地上滑行。

进入新石器时代的时间与人类开始定居并进行耕作的时间，基本相符。新石器时代的石器特征是以磨制石器为主要工具。

可能是处在石器时代后期的祖先们发明了弓和箭,使得他们能够远距离打猎。用一根纤细的木条,从中间往两端逐渐变细,然后将木条弯曲成弧形,用一根稍微短些的线系住两端。这样,一把最简单的弓就做成了。箭镞通常也是非常简单的,只是用磨得锋利的燧石制成。我们发现过大约1万年前的弓箭。而岩壁上的画,表明它们在此之前的几千年就已经开始被使用了。

青铜时代

大约9 000年前,人类已经开始不断用金属进行试验,试图用铜制作小件的物品。而在5 000年前,人类已经学会在炉子中混杂不同的金属进行冶炼,九份铜加上一份锡,这样就能制出我们所谓的青铜。这样不同的金属的熔合物称为合金。比起铜、锡等纯金属,合金的硬度要高得多。青铜可以被制成各种形状:武器的制作(匕首),还有工具、装饰品的制作,都越来越普遍。一个新的时代开始了。

在世界上的不同地区和文化中,青铜时代开始的时间也都各自不同。各地的人们可能各自独立地发现了获取金属的方法。在欧洲,青铜时代是其古代文明中最为辉煌的时期之一,代表了一系列的伟大变革,不仅在人类的生活中,也包括合金技术的发展。当青铜时代人类的定居点被挖掘出来的时候,往往可以发现保存得非常完整的金属制品,包括日常用品等。至今为止,我们已经得到了上千件这个时期的金属物品。

与在欧洲和西亚一样,青铜在古埃及和中国都被大量地制造和使用。当时的技术已经相当完善,工匠们可以用金属来制造一些大件的物品,比如庙宇和宫殿的大门以及很多小的物品,从枪尖到烹饪用的锅。可是铜的制取还是太昂贵了,因而通常只是用来做一些很特别的东西。大多数的农业用具还是木头或者石头制造的。

在自然界发现纯铜是一件很不容易的事情,而铜矿石的分布非常广泛。铜矿石是指那些混杂有铜和其他金属物质的石头。铜的产量取决于人们制取

照看炉火（右图）

一个非洲人正在用风箱往冶炼炉中吹入空气，借此提高炉中的温度。尽管非洲并不存在所谓的"青铜时代"，但其中的一些区域，比如西非的贝宁，从14～19世纪至今，仍保留冶炼青铜的传统。

古代的青铜铸造（左图）

工人们不断地用木炭燃烧炉子，保持炉内的高温（图1），然后他们把青铜放入正在加热的坩埚中，使之熔化（图2），最后将之倒入一个模具。冷却之后，就得到了一扇青铜的门（图3）。

制作青铜工具（下图）

从古代埃及到中世纪的欧洲，人们一直使用类似的工艺来熔炼和铸造青铜工具。

轮子（下图）

在5 000年前，闪米特人就发明了带轮子的战车和货车。早期的轮子由几个部分装配在一起，其边框用金属包起来。

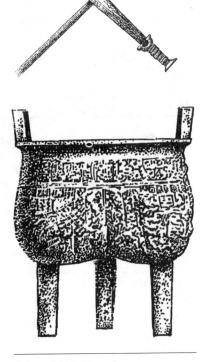

铜的工艺水平。首先，人们得找到那些含有铜的矿石，在炉中加热到将近800℃，这样才能提炼出铜水，再把这些液态铜倒入一个模具中。接下来，就能趁热把铜打制成各种形状。如果要制造青铜器，除了铜矿石，还需要找到锡矿石，把锡和铜按比例混合熔炼。

　　青铜时代是一个伟大的改革时代。在这个时代，牛第一次被用于农耕，它们被套上农具，在农田里为人们工作。用陶土制成的轮子也被发明了，最迟在5 500年前，轮子被用在了交通运输中。

青铜器物（右图）

上面两幅图片显示的是欧洲青铜时代的一把剑和一支矛，另外一个是中国3 000年前用于烹饪的鼎。

你知道吗?

　　大概3 000年前，人们开始用锌取代锡，把锌和铜熔炼在一起，制成黄铜。

铁器时代

铁矿需要加热到非常高的温度——1 535℃，其中的铁才能熔化。早期的炉子不可能稳定地维持这样的高温，所以熔出的铁常含有较多的杂质，铁匠们需要用铁锤不断敲打，才能把杂质分离，最后制成各种各样的工具和武器。在敲打之后，把铁放入水中冷却，可使其硬度变得更大。木炭燃料中含有的碳元素也能使铁变得更加坚硬，可以成功地把铁铸造成钢。

铁不但远比铜常见，而且它的硬度也要高得多。只要一个地区含有铁矿，铁就会成为制作武器和工具的主要金属材料。纯铜和青铜此时也未被淘汰，在制作装饰品中仍有巨大用途。

大约2 500年前，亚洲的大部分地区、北非和欧洲正好处在铁器时代。在中国，人们发明了一种温度很高的炉子可以把纯铁熔化，用来铸造各种物品。

比起铜，铁是非常普遍的金属。但只有在很高的温度下，铁才能从铁矿石中被提炼出来。尽管如此，大约3 500年前，人类已经知道如何熔炼铁矿。目前为止，就我们所知，土耳其的赫梯人是最早炼铁的民族。

山上的城堡

围有很高的城墙作为壁垒，这是铁器时代英格兰的典型特征。而为了加强对城堡的保护，在城墙顶上还装有木栅栏。保卫者们使用铁矛和铁斧作为武器。

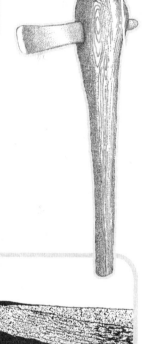

在非洲撒哈拉沙漠的南部，并没有所谓的青铜时代，当地文化由石器时代直接进入铁器时代。在那里发现的最早的炉子是在将近3 000年前的尼日利亚。这开创了非洲铁器工艺的历史传统，铁矿石和铁器都可以通过贸易传送到远方。正因为如此，人们的社会分工更加专业化，出现了专门的矿工、熔炼工和铁匠。在铁器时代的生产过程中，非洲人在炼铁时混杂了许多碳，所以和钢的组成非常相似。在19世纪，非洲铁器的质量常常高于由欧洲进口的铁制品。

熔炼（左图）
人们把铁矿石放入黏土炉子中进行熔炼。风箱用来把空气鼓入冶炼炉中，提高炉火温度。

把金属敲打成形（右图）
两个非洲男人正在用传统的方法制造铁矛。

知识窗
19世纪的丹麦科学家们首次对史前时代进行了分期：石器时代、青铜时代、铁器时代。这种分类方法在欧洲更为适用，但在其他地区效果不佳。在同一时段的世界各地，这些"时代"的进程各不相同。在英格兰，铁器时代大约从公元前750年一直延续到了19世纪。

第六章

纵观全球

远古的非洲

在李基一家那些令人振奋的伟大发现中，其中一项荣誉为由玛丽·李基所拥有，这也是她一生中最大的成就。在1976年，她偶然发现了一串由3个原始人类留下的足迹，印在坦桑尼亚莱托里附近湿润的火山灰上。它们是在一次由美国《国家地理》杂志资助的探险中被发现的。这些足迹显示，在375万年前，有一个个子矮小的原始人从地上走过，他大约有1.5米高。而另一个更矮小一些的人，可能是女性，在他后面或者稍晚些，沿着他的足迹前行。再后面，有一个更小的人，大概是小孩，在他们的足迹边上跳跃着走。这是在非洲发现的最早的人类直立行走的证据，时间大约比以前的观点早上50万年。

虽然查尔斯·达尔文在很早的时候就猜测我们人类可能起源于非洲，许多科学家仍然坚持起源地存在于各自的大陆，而非一个共同的祖先。后来，路易斯·李基与他的家人，包括妻子玛丽、儿子理查德、儿媳梅芙以及其他一些人，证明了"多源论"是错误的。

查尔斯·达尔文

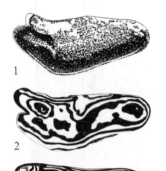

"莱托里"这个词在当地马赛人的语言中是一种特殊的红百合的意思。在那里，我们已经发现过很多其他原始人类的遗迹，例如牙齿、下颚、肋骨、颅骨和腿骨等。不过原始人类的足迹还是第一次被发现。

莱托里足迹（左图）
1. 在新落下的火山灰上留下的原始足迹。
2. 这个脚印的轮廓。
3. 在这个轮廓里，与现代人的脚印留下的深浅位置相当接近。

莱托里的行人
在坦桑尼亚莱托里发现的足迹通常被认为是阿法南方古猿留下的。这些行人是用两脚走路的，他们的大脚趾与其他脚趾基本平行生长。

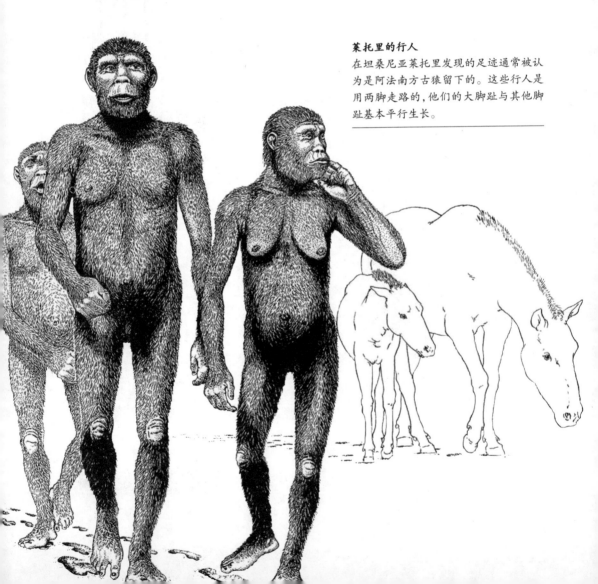

远古的亚洲

亚洲最古老的直立人是在爪哇岛发现的。后来在中国的北京附近发现了另一人种,他们大约有36万年的历史,拥有比最早的人类大一些的大脑。通常,我们叫他们"北京人"。

后来,又在中国的其他地区发现了一些人类头骨,表明了早在10万年前,当时的人类就已经和现代的当地人非常相似:宽宽的

荷兰科学家欧仁·杜布瓦在19世纪末提出,东南亚可能能够发现一些早期原始人类的遗迹。当时,他遭到了学术界的嘲笑。可是后来我们知道他是完全正确的。我们得感谢他发现了爪哇人的遗迹。这些印度尼西亚的遗迹属于直立人。在亚洲的其他地区也发现了其他人种。在亚洲,我们还发现了早期的现代人——智人。

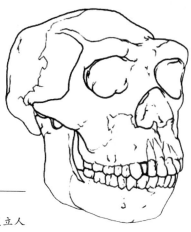

爪哇人4号

这个大约有100万年历史的直立人头骨是在爪哇岛发现的。

夸夫泽人（以色列）

尼亚人

瓦加克人

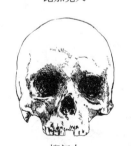

柳江人

当代东亚人

颧骨已经形成。实际上，在亚洲12个被发现的遗迹显示，早在大约10万～5万年前，就已经出现了和现代人类很相似的人种。

在东亚，没有发现任何关于尼安德特人的遗迹。在中国广西壮族自治区的柳江发现的一个遗迹是大约2万年前的。通过解剖学上的对比，我们发现他们的头骨与当地的现代人几乎一模一样。这些证据显示，我们现在所看到的东亚人的身体特征——黑色直发、内眦赘皮、相对光滑的皮肤以及宽颧骨——都可能和当时的人类是一样的。

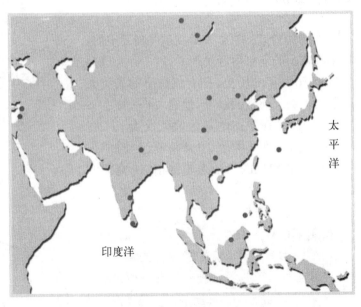

太平洋

印度洋

他们生活在什么地方呢？（上图）
地图中标明了12个人类遗迹，他们生存的年代大约在距今10万～5万年间。

亚洲的直立人（左图）
前四幅图中显示的是在亚洲发现的与现代人非常接近的人种颅骨。

古代欧洲人

　　我们现在对欧洲的人类演化还没有一个很直观的概念。我们发现的很多遗迹中的大多数都是非常破碎的，只有一些是非常细小的古代人类的遗物。在欧洲，自有人类开始居住，自然环境有过多次剧烈的变化，人们不得不改变自身来适应环境。在南欧，曾经有大量的驯鹿分布，而在其他地区，人类可能遭遇非常多的狮子和河马。

　　可能有3种人类曾经在欧洲出现过：留下了一些梨形手斧的直立人、尼安德特人和现代智人。一些化石可以被认为属于过渡期的人类。例如，在英格兰的伦敦附近发现的一种化石，属于大约25万年前的"斯旺斯柯姆人"。其中包括可能是一个女人的头盖骨，她的一些特征有些古老，但和现代人类还是比较相像的。有些人认为她属于现代智人，而另一些人则更看重她与尼安德特人的相似之处。这种人类与狮子、大象和犀牛并存于当时的自然环境中。斯旺斯柯姆人的大脑大小与我们相当。在德国的施泰因海姆，发现了一个大约有30万年历史的颅骨，它要比我们的颅骨稍微小一点。尽管他们的下颌骨很像海德堡人，不过仍然可以归类到尼安德特人或者早期智人中去。

复原头骨（左图）
解剖学家在一块软的黏土人脑模型上排列骨头碎片，试图复原出颅骨的原貌。

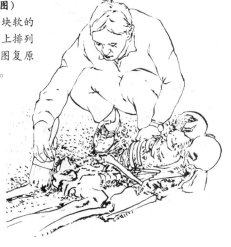

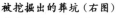

被挖掘出的葬坑（右图）
考古学家正在刷去两具骸骨上的尘土，这个过程必须要小心翼翼地进行，以避免损坏骸骨。

洞穴挖掘

仔细地测量，小心谨慎地挖掘，最大限度地保护极有价值的石灰石坑中的裂隙。

我们甚至都不清楚尼安德特人是什么时候消失的。过去人们认为这个时间在大约3.5万年前，可是近期在检测克罗地亚出土的尼安德特人骨骸时发现，这个时间点在大约2.8万年前。我们可以肯定那时候已经有现代人类在附近存在。葡萄牙的人骨标本表明，大约在2.5万年前，那里仍然有尼安德特人或是尼安德特人与现代人类的混血人种存在。

尼安德特人仍然是非常神秘的。他们与我们的关系到底有多近？DNA检测表明，他们骨头中的基因与我们的相差很大，因而不太可能是我们的祖先，但有可能是另一个分支。可也有些化石的特征，介于尼安德特人与现代人类之间。到底是不是尼安德特人繁衍出了现代人类呢？或者他们与其他人种杂交，而得到了一些混合的特征？还有许多的谜团等待着我们去发现，在我们面前有存在许多等待着被证实的可能性。

迁往美洲

在距今3.5万～1.5万年前，早期人类通过几次大迁徙，从西伯利亚到了阿拉斯加。越过现在已经成为白令海峡的陆桥，他们继续向南走。当时的山上都覆盖着冰川，比如落基山脉，很难直接越过，所以他们可能是沿着一些特殊的通道穿越的。他们开始迁移到了整个大平原地带，有的继续向南迁移，进入中美洲和南美洲、进入巴塔哥尼亚地区，最后到达大陆的最南端——火地群岛。有专家计算了一下，如果有一个以打猎为生的群体从白令海峡往南走，每周迁移约5千米，他们只需要70年就可以到达南美洲的最南端。当然在此期间，会有几代新生血液诞生。在合适的条件下，可能只需要几代人就能从一个很小的狩猎部落发展到几千人的规模。

北美洲和南美洲最早的居民，是在大冰期时从亚洲迁徙过来的。

人工制品

典型的物品包括：固定在矛柄上的一个石质枪尖（上图），它有大约1.2万年的历史；一个刮去动物毛皮、油脂的骨制刮器（下图），它有一个锯齿端，只有1800年的历史。

美洲土著居民

图中是一个因纽特人（左图），一个达科他印第安人（中图）以及一个来自南美洲火地群岛的孩子（右图）。

前哥伦布时期美洲人的生活（左图）

我们可以从中知道美洲的不同地区生活方式各异：

1. 以狩猎和捕鱼为主；
2. 农耕与狩猎并存；
3. 采集野果与打猎并存；
4. 墨西哥文明；
5. 奥尔梅克文明；
6. 玛雅文化；
7. 印加帝国。

人头像罐（上图）

这是在秘鲁北部海岸发现的公元前200～公元600年间莫西干文明的作品。

由于他们的祖先是从亚洲迁徙过来的，他们拥有与东亚人类似的生理特征，比如头发直而黑、黑眼珠、宽颧骨以及铲形门牙。如今一些住在南美洲最南部的居民拥有与中国人非常相似的面部特征。

对于这些人是什么时候到达美洲的，人们还有相当多的分歧。一个最近在加利福尼亚州发现的"德玛人"头骨，一开始被认为他生活于4.8万年前，后来则认为只是大约1.2万年前的遗骸。这也给认为人类并没有那么早到达美洲的理论提供了些支持。

在阿拉斯加育空地区的旧克罗盆地发现的物品中包括一个1 800年前用于刮除动物毛皮、油脂的刮器和在智利发现的约1.25万年前的一些遗迹，表明智人是在这段时间内到达美洲的。凭借墨西哥和阿拉斯加发现的一些非常独特的石质枪尖，我们可以肯定的是，现代美洲人的祖先已经在那个时候到达了这里。

前哥伦布时期的一些物品

这些物品包括（从上到下，从左到右）：

一个因纽特人的象牙雕刻；

西北海岸印第安人制作的一个勺柄；

大平原印第安人的狗拉雪橇；

东部林区一个桦树皮做的盒子；

美国亚利桑那州发现的一个罐子；

奥尔梅克人的头部雕像；

玛雅人制作的一个玉米之神的画像。

下图则是印加人的黄金骆驼。

远古的澳大利亚

古人类学家通过遗迹中的化石和工具发现:至少在6万年前,甚至是更早,在澳大利亚就已经有人类居住了。第一批居民是从东南亚乘坐着筏子和独木舟过来的。当时的海平面要比现在低很多,因此很多现在的岛屿在那时候是连接在一起的,所以他们需要走过的海路并不算太多。

并非所有的后来者,都与如今澳大利亚的土著人长得很像。许多3万年前的骨骼化石表明,当时的人体重较轻,可能和现在中国南方的人们长得比较像。而后来发现的一些骨骼,则和现在澳大利亚的原住民更像了。

直到最近,澳大利亚的许多原住民还生活在一种未开化的文明中,这种状态和石器时代非常相似。尽管很多原住民部落群居在一个他们非常熟悉的地域中,也有另一些人过着一种半游牧的

你知道吗?

澳大利亚原住民的岩石艺术有着悠久的历史传统,有些可能比那些著名的法国和西班牙洞穴画还要久远。原住民的风俗和传统,引发了人们很大的兴趣,同时它们对于其他地区石器时代的研究也有很大的启发。

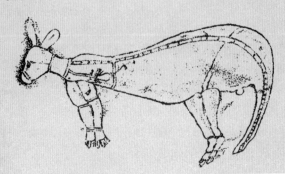

生活。随着季节改变，能够充当食物的动植物都会增增减减，所以他们也不得不随之迁徙。他们用矛和"飞去来器"打猎，穿的衣服很少，但会在身上涂画各种装饰性的图案。另一方面，他们也能很好地适应现代环境。他们能够辨识出很多种野外的食物源，知道在哪里能够找到它们。这些足以让所谓"文明"的现代人感到羞愧。

现代气象学家也认为：很多时候借鉴原住民关于季节和气候的表征知识的理解，能够对现代气象科学的发展有很大的帮助。

澳大利亚的原住民们似乎从来都不用弓和箭。也许"飞去来器"和飞矛已经足够对付那些可食用的野生动物了，例如袋鼠。并非所有的原住民都是生活在旷野中的，有些群体则居住在北部的雨林内。

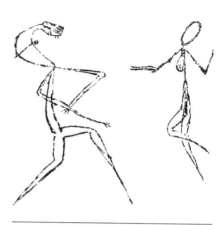

舞者（上图）
图中显示的是在澳大利亚北部发现的岩石上的人类画像。

猎人们（下图）
原住民打猎时使用矛和一种弯曲的木片——"飞去来器"通常只是用来直接投掷到猎物身上，无法自动回到投掷者手中。

第七章

考古发现的故事

著名的化石发现者

雷蒙德·达特是20世纪最著名和最有争议的化石学家之一。他出生在澳大利亚，他的主要学术成就都是在非洲南部完成的。

1924年，雷蒙德·达特在南非金伯利附近名叫塔翁的地方发现了一个小的颅骨。由于这个颅骨非常小，实际年龄在4~6岁之间，我们称它为"塔翁婴儿"。它的大脑容量与一只猩猩相当。不过它的许多特征很明显是属于人类的，特别是脸和牙齿的形状。另外，关于颅骨的研究也表明，它是靠双足行走的，而非四肢着地。

达特认为这个颅骨有着200万年的历史，不过其他一些科学家对此表示怀疑。让达特如此有自信的一个原因是查尔斯·达尔文在19世纪出版的一本书。在《人类的由来》这本书里，达尔文相信人类应该起源于非洲。

雷蒙德·达特在当时备受指责的一个原因是他创造了一个词：南方古猿（Australopithecus）。这个词混合了拉丁文和希腊文，这在当时被认为是不恰当的造词。

卡莫亚·基穆

他与李基一家一起工作。李基一家是非常有名的考古学世家，他们拥有英国与肯尼亚血统。卡莫亚·基穆擅长发掘那些非常细小的化石碎片。1984年，他在东非肯尼亚的图尔卡纳湖附近发现了一具有150万年之久的骨骼化石。

 1
 2
 3
 4
 5
 6
 7
 8
 9
 10

你知道吗?

雷蒙德·达特的发现在当代被认为对人类演化的研究有着革命性的作用。实际上,他关于塔翁头骨的研究表明:人类在开始拥有一个较大的脑袋之前,就开始用双足行走了。

化石发现者

许多人在早期人类知识库的建立中,作出了重大的贡献,这里是其中的几位:

1.雅克·布歇·德·彼尔特

他在法国发现了手斧,并且指出了人类有一段很长的史前时期。

2.约翰·劳埃德·史蒂芬斯

他是中美洲地区考古的先驱。

3.奥古斯塔斯·皮特-里弗斯

他建立了现代考古学的技术框架。

4.欧仁·杜布瓦

他发现了直立人。

5.罗伯特·布鲁姆

他发现了包括非洲南方古猿在内的一些南方古猿遗迹。

6.弗郎茨·魏登莱希

他完成了北京人的遗骸复原工作。

7.孔尼华

他在爪哇发现了直立人。

8.路易斯·李基

他在东非发现了早期人类的化石。

9.玛丽·李基

她发现了鲍氏南方古猿,另外在一次探险中还发现了著名的莱托里足迹。

10.唐纳德·约翰森

他发现了阿法南方古猿——露西。

一场大骗局

想象一下，这是一件多么令人兴奋的事情！在90年前，古人类学家们认为他们取得了重大进展，得到了在人类和猿类之间丢失的那一段进化历程。可惜的是，所有的事情并不是他们所期望的那样。

1912年，伦敦的大英博物馆地理部向那些兴奋的观众宣布，将在近期展示一个大英帝国甚至可能是整个欧洲最早居民的头骨化石。这个化石，是在英国萨塞克斯郡的皮尔当发现的，可能是几十万年前的遗物。它由律师查尔斯·道森发现，他平时喜欢收集化石。因而这个新的人种，以他的名字来命名。

从一开始，就有人怀疑整件事情的真实性，甚至有些人认为这个头骨可能是一件伪造品。可是这个遗物看起来很符合当时一个十分流行的理论：大脑容量的变化，出现在人类面部开始变化之前。皮尔当人的面部，看起来和猿类很像，但是脑部至少有任何已知猿类的两倍那么大。

在很长的一段时间里，这个遗址被关闭着，因而科学家们很难对其进行研究，他们只能看一下那些复制出来的塑胶模型。最终，那些持怀疑态度的人被允许进入遗址进行观察。他们用了一种非常有效的方法，通过测定和比较头骨中的氟化物与环境中氟化物的含量，来确定该头骨存在的时间。如果头骨和周围沙砾中的年代是相同的，则其氟化物含量也应该是一致的。最终的结果很遗憾，两者对不上。这件事情在学术界引起了一场轩然大波。

这个遗迹，在1953年被证实是伪造的。直到今天，没人知道到底是谁编排了这场闹剧。怀疑对象主要是查尔斯·道森和英国解剖学家亚瑟·凯思。无论是谁主导了这件事情，这个人显然相当有"幽默感"。

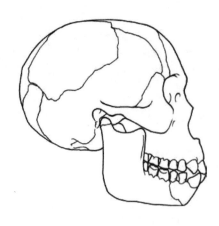

人像拼片
皮尔当人头骨的复原品与南方古猿的很像，在最初的二十多年里，没有人注意到这一点。尽管它的下颚前伸得相当厉害（这一点也很容易理解，它的面部仍和猿类一样），而它的头盖骨和脑腔部分是完全属于现代人类的。

遗址的挖掘

工人们在皮尔当帮助查尔斯·道森挖掘出了许多动物的化石。一些被认为与皮尔当人有关的化石实际上是被偷偷放进去的，也许和这种"人类"的存在一样，都是一场闹剧。

检测证据

一群科学家在1915年检测皮尔当人的头骨。在图中，亚瑟·凯思穿着一件白色大褂，而查尔斯·道森则站在他的左后方。

知识窗

分析表明，皮尔当人的头骨很明显地包括两个部分。现代人的头骨部分最多不超过五百年的历史，很明显有人故意把它给弄脏了，伪造成年代古老的样子。另外一部分是一只猩猩的下颚，它的牙齿被锉过，使得整块骨头的形状能够很好地接合上人骨部分，并且看起来年代相当。这个头骨愚弄了许多专家。

一个幸运的发现

埃塞俄比亚的哈达尔地区是一个非常炎热、荒凉的地方，可是对于远古人类专家来说，它却是一个完美的宝库。在这里，一个年轻的古人类学家，得到了20世纪最具戏剧性的发现之一。

哈达尔湖的古代沉积物，是在距埃塞俄比亚首都亚的斯亚贝巴东北约160千米的地方发现的，它有三四百万年的历史。以前，人们就认为：人类遗迹在这个地方能够保存到现在的可能性相当大。在1974年，唐纳德·约翰森前往这个区域进行了一次探险，希望能够发现一些早期原始人类的痕迹。几个月后，他发现了"露西"的一些骨头化石，这是一个后来被称为阿法南方古猿的幼体的化石。阿法南方古猿这个名字正是来自挖掘地点的名字。

通常对哈达尔地区的描述是，一片遍地石头、沙砾和沙子的荒地。很幸运的是，几乎所有的化石都是直接裸露在地面的。这里的降水很少，如果下了雨，水会冲出许多条沟，并且可能会使得更多的化石遗迹露出地面。在1974年这个幸运的日子，约翰森正和一群当地人一起到野外进行挖掘工作，一种莫名的直觉让他多干了一段时间，并且绕了一点弯路。就这样，他们发现了露西的遗骸。首先看到的是她手臂的一部分，接着是后脑勺，再然后是腿骨。

这之后，探险队的每一个人，都在期望能够发现露西身体的其他部分，这件事情一直做了三个星期。最后，他们总共发现了上百片骨头碎片，拼凑起来能够组成大约40%的身体。没有发现两块相同部位的骨头，因此约翰森认定这些遗骸属于单一个体。

正在工作的科学家
约翰森拿起一个新发现的骨头碎片（左图），然后在他的实验室里小心翼翼地进行清理工作（右图）。

约翰森说道:"哈达尔地区是一个伟大的地方,这里有许多的工作可以去做。万一这次挖掘工作晚几年或下了一场雨,没准会把她的骨头冲到沟里,它们也许就丢失了;即便没丢,也是非常分散的。这样就很难再把它们组合在一起了。最奇妙的是,她大概是最近才露出地面的,可能就这一两年的时间。早五年,也许她还被埋在地底下呢;晚五年,我们也可能找不到她。"

露西的头骨
这是露西头骨相当逼真的复原品,其中颜色较深的部分,是实际发现的头骨碎片。

一个营地(上图)
在一个荒凉干燥的乡间地区,一条河蜿蜒流过,给约翰森的探险队提供了水的补给。

另一个幸运的发现

这个被称为"奥茨"的冰人，在约5 300年前死亡，在高山中被寒冷的冰雪给冻住了，并且慢慢干枯。在人们发现他的重要性之前将他从冰中取出的时候，身体的一部分受到了些损伤。尽管如此，对他身体的研究，使科学家得到了非常多的重大发现。人们在发现他许多年之后，又有了新的发现。

奥茨高约1.65米，黑发，可能在45岁左右。他有关节炎，生前为寄生虫病所困扰，肋骨骨折了。在死亡之前不久，他刚吃过一些野山羊肉和小麦。从体内铜和砷的含量可以看出，他生活在一个炼铜的环境里。

冰人的衣服保存得很好，他戴着一顶熊皮帽子，外套是以羊皮和鹿皮用动

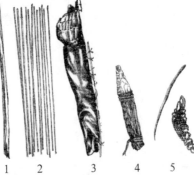

冰人的物品
图中显示的是在奥茨尸体上发现的一组物品：

1. 一把还没有缠弦的弓；
2. 一些箭；
3. 一个鹿皮制的箭囊；
4. 一把燧石刀；
5. 一根尖头的石锥和草编的绳子；
6. 串在皮绳上的两个蘑菇；
7. 一个用鹿角和木头做的工具，可能是用来磨快刀锋的。

物筋腱缝合在一起的,他穿着一条皮质裤子,还有一件用草编织而成的披风。脚上是一双皮革的鞋子,为了在粗糙不平的地面上行走,鞋里面还垫了些草。他行囊的框架,是落叶松和榛树的木头做的,外面包裹了皮革。

在一个小的皮包里,奥茨放了些燧石、一根针和一些用草编成的绳子,在一根皮绳上串了两个蘑菇。

他带了一把1.8米长的紫杉木弓,不过显然这把弓还需要加工,缠上弦之后才能够用来打猎。箭囊里存放了十四支箭,只有两支固定着箭羽。他还有一把小刀,刀体是燧石做的,固定了一个木头的柄,外面套了一个草编的刀鞘。最后,他还有一把斧子,主体是铜质的,显然已经用旧了。斧柄是紫杉木做的,呈L形。

世界真奇妙

在很长一段时间里,人们认为冰人是在一次突发的雪暴中冻死并冻住的。后来在2001年的时候,X射线的分析表明,在他肩膀处有一个箭头。他是在被射中后不治而亡的,不过可能他逃脱了射箭者的追捕,因为他的那些物品都完好无缺。2003年,人们分析了他衣服和武器上的血迹,发现是从其他人的身上来的。是不是在他死之前杀死或者击伤了别人?

一个"坟墓"的发现
两个德国的阿尔卑斯山攀登者发现了一具保存完好的新石器时代男性尸体。

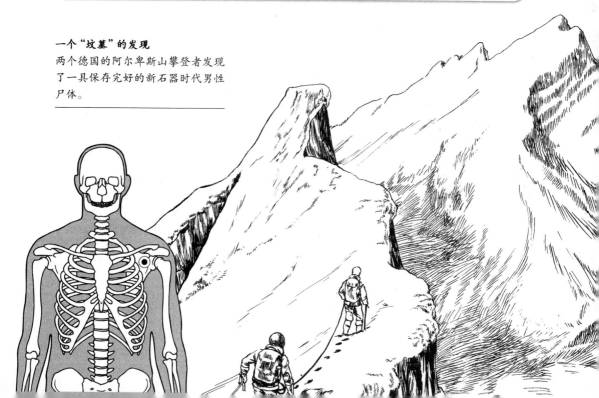

一次不幸的遗失

20世纪20年代，在当时的中国北平（现在的北京）附近的龙骨山，人们在一个洞穴中发现了很多史前人类的牙齿和骨头化石。这个发现表明了36万年前的亚洲北部地区，就有古代人类在此生活。它和在爪哇岛发现的种类非常像。现在这两种人属生物与世界上其他地方发现的同类型人类都被称为直立人。第一个相当完整的头骨是在1929年发现的，挖掘工作一直持续到20世纪30年代。这期间，日本向中国发动了侵略战争。1937年，挖掘工作暂时停止了，当时已经发现了45具北京猿人的遗骸。北京猿人生活在寒冷的气候中，因而躲在洞穴中用火来取暖。尽管和爪哇猿人很像，但这种后期的直立人拥有更大的脑容量。人们制作了一些化

北京人的半身像

那些骸骨化石，已经在抗日战争的时候遗失了，幸好我们还有那些塑胶的复制品。

石的复制品,用于科学研究和展示。

　　本来,我们可以通过对化石的小心检测得到更多的结果。可惜的是,在1941年,国际形势极度紧张。中国政府对于北京人的遗骸非常重视,害怕其在战争中遭到损坏,因此决定将它们送到美国去,希望它们得到更好的保护和研究。后来证实,这是一个非常糟糕和不幸的决定。美国海军负责将化石用火车护送到港口并海运到美国,但是他们被日本人俘虏并关押到了监狱中。他们的设备和军需品也都被没收了,包括这些宝贵的化石,自此再也没有出现过。

　　幸运的是,那些塑胶的化石复制品还在一些博物馆保存着。但这些复制品不能让我们得到更多的信息。如果那些原始化石还在的话,我们会得到更多的相关信息。

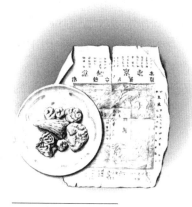

你知道吗?

　　那些第一次被发现的北京人化石是非常宝贵的,可是我们再也无法看到了。不过在发现化石的附近地区,我们还发现了一些其他的遗迹,在中国的其他区域也有类似的发现。

龙骨(上图)
这些动物牙齿的化石被碾成了粉末,作为一种中药。

骨头收藏家(右图)
1929年,裴文中博士与加拿大、美国的同行发现了第一个相当完整的北京人颅骨。

第八章
要点归纳

解开远古的谜团

相对于漫长的地质年代来说，保存着早期人类遗迹的那些岩石都是相当年轻的，往往只有500万年或者更短一些的历史，它们的质地也相对较软。比如，在非洲的某些地区，由于风化和雨水作用，岩石的表层受到了相当大的侵蚀。

在这些地方，也许只需要随便走上一走，有一双敏锐的眼睛，就能发现化石的痕迹。在其他地方，可就没有那么容易了。在坦桑尼亚的奥杜威，巨大的峡谷"切开"了沉积几百万年的岩层，使得我们有机会发现一些随之暴露出来的化石。湖边、采石场，甚至是修路时挖开的岩层，都可能是寻找化石的好去处。

发现第一块化石碎片，只是故事的开始。附近是否还有其他碎片呢？它们都分布在相对于第一块的什么方位？从碎片的分布，我们可以得知许多在化石形成过程中的自然环境信息。

从一个标本被发现到它被小心地送到实验室，往往需要几天的时间。如今，化石被剥离之前先拍照存档，而每一步的挖掘工作都会有详尽的记录。每件事情都是经过仔细考量的。比如，在一个大的挖掘点，无论是否会发现早期人类化石，或者只是年代更近一些的遗迹，工作人员都会将其分成一格格的小块区域，这样能够更精确地固定方位，以便考查。

最初的破土工作，可能会用十字镐和铁锹来完成，随后的工作则需要用更小的工具。所有挖掘出来的物品，比如骨头或者牙齿，都可能需要用刷子和精细的牙科工具，来扫去尘土。

> 寻找线索的热情、侦测的才能、对细节的敏感、对长时间野外工作的热爱、绝对的耐心、团队合作精神等特质才是令一个个体成功发现、解读化石——尤其是古人类化石的重要条件。

最后将它们取出来安置好,外面涂上一层保护性的釉料,或者再套上一层塑料外壳,以便把它们运送到实验室。

证据的遗失

我们极少能发现完整的古人类化石。比如,鬣狗和秃鹰可能会肢解并分食早期人类的尸体(左图);而洪水有可能卷携来大量物质,使人类骨头碎片上方覆盖了一层沉积物(中图);当冲积平原被改道的河流冲刷开,有可能会暴露出人类的头盖骨,但是这些头盖骨在被真正发现前,会不断受到侵蚀(下图)。

搜寻原始人类的遗迹

一队探索者正在东非的平原上,搜寻那些随处散落的风化石头堆。他们寻找一些奇形怪状和颜色异常的小物体,因为这些很可能是早期人类的化石遗迹。人类的骨头化石可能是白色或者灰色的,也有可能是黑色的,经常以单独的骨头碎片的形式遗留下来。

你知道吗?

早期人类的化石非常罕见。在非洲,一个6人探险队花费11年的时间,平均每人每年要搜寻几千平方米的范围,才能发现3块化石遗迹。而且很多时候,这些化石只是骨头的小碎片或单个牙齿。

如何研究化石

化石被带入实验室之后，还有大量的工作要完成，艰苦的任务刚刚开始而已。化石需要清洗或进一步的准备工作，以去除粘在化石上的尘土和石块。假如是块化石碎片，它需要和其他的碎片拼合起来，直到整个骨骼结构可以被辨识出来。

人们用小型的钻子和针来清除那些黏附在化石上的石块，而一些更加细小的化石，需要把它放置在双筒显微镜下才能开展工作。在整个过程中，科学工作者都要尽量避免损伤化石，也要防止在化石上添加任何的擦痕和记号，因为这会污染化石标本的原本面貌。原汁原味的化石标本可以给人以启发，从中可研究这些化石在生前的角色，也可研究该生物死后所经历的一切。

有些化石是嵌在石灰石当中的，把它们反

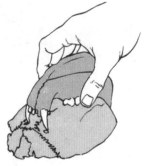

拼合化石碎片
这个南方古猿的头盖骨顶部有一些明显的小洞，刚好和美洲豹的犬齿位置相对应（上图）。科学家据此推测出以下情节：美洲豹杀死了它的猎物之后，把尸体拖到了鬣狗无法触及的树上；美洲豹吃剩的骨头落入地上石灰石的裂缝当中，被多层沉积物所覆盖（右图）；头骨一直静静地埋在地层当中，数千年后，方才有化石挖掘者发现了它。
A. 旧地层线
B. 新地层线

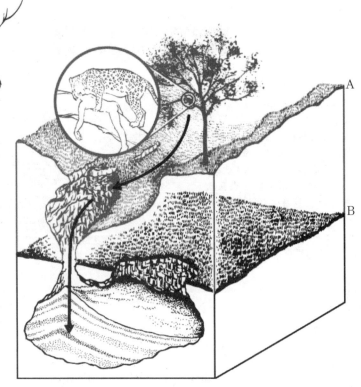

复浸入醋酸中，这些包裹在外的石灰石会自然溶解，化石随之显现。易碎的化石也可用化学方法处理，化学物质可以使其更硬从而易于保存。牙齿是人体中最坚硬的部分，因而保存它们相对容易。

一些破损的骨骼可用解剖学技巧拼合起来。也有一些相对直接的方法：如果我们仅找到原始人类的一只左手，我们也可确定右手的形状。众所周知，保存下来的骨骼各部分越多，我们就能越确切地猜测消失部分的情况。然而，大多原始人类的骨骼过于破碎，以至于我们很难弄清骨骼结构的大致情况。这个时候，就需要其他的化石标本来参考，例如相关物种的化石等。实际上，我们从未处理过早于尼安德特人的人类物种的完整骨骼。尼安德特人的完整骨骼是在非洲的图尔卡纳湖发现的，据考证，大约已有150万年的历史，这是一次举世闻名的发现。

而复原骨骼以外的软组织更容易些。没人见过尼安德特人的肤色和瞳色，更别提比他们更早的人类了。如果我们拥有原始人类的完整骨骼，就能推测出肌肉的情况，但推测不出体毛的情况。几乎所有的原始人画像和雕像，都含有相当多的艺术想象成分。尽管如此，对原始人的复原工作仍需要出色的技术和尽可能多的真实信息。

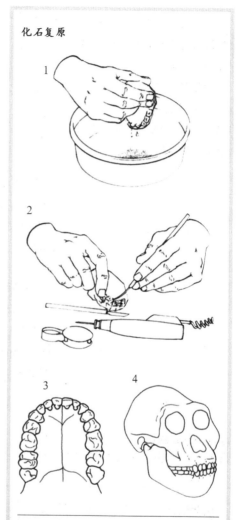

化石复原

1. 把一块下颌骨化石浸入醋酸当中，便于溶解化石上黏附的石块。

2. 人们使用剔牙针、超声振动工具、解剖刀、放大镜等工具，把化石从石块中取出。

3. 原始人类的齿沟被复原，根据齿沟提供的线索，可推测已消亡的原始人类的特征。

4. 以齿沟作为起点，然后再粘上其他相应的头盖骨碎片，头盖骨便能被复原。

人口的增长

我们无法确切地获知在不同的历史阶段地球人口的数量和增长情况，但是专家们可以尝试着进行推测。在200万年以前，大约有100万灵长目动物生活在非洲，但是这个数字并不十分准确。科学家认为在1万年前，智人已经广泛分布于世界上绝大多数地区，他们的人数最多时有1 000万。那时，人们的生活方式是以狩猎和采集野果为主，因而每个个体都需要相当大的生活区域以维持生活，这种生活方式也限制了人口的增长。远古人类的生活非常艰辛，疾病、伤害、饥饿造成了死亡率的增长，使人口减少速度极快，人类的平均寿命也非常短。

直到大约7 000年前，农业生产开始供应更多的粮食。人类的饮食并没有显著改善，却有更多的人口能被养活。更多的人可以顺利地生存到成人阶段，因而可产生更多的下一代，人口

没有人能对尼安德特人生活的时代进行所谓的人口普查。科学家们认为，即使进行了统计，当时的人口数量也不可能超过100万。而现代人类的数量已是按亿为单位计算的了。

超大型城市的发展

截至2016年，全世界有47个城市的人口在1 000万以上。不仅如此，其中有15个城市的人口超过2 000万。

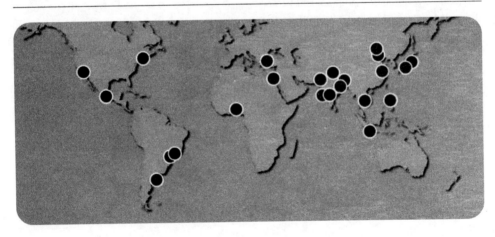

"超级水稻"

农业科学家一直在寻找新的技术,来使农作物的产量更高。超级水稻(左图)相比传统水稻(右图)和近年来绿色革命催生的水稻品种(中图),可以产出更多的粮食。

的持续增长得以维持。到了公元1年左右,罗马帝国奥古斯都统治时期,世界人口已达3亿。从那时起,虽然某些地区的战乱和饥荒会暂时减少人口,各种传染病(如瘟疫)也使人类大量死亡,但总体来说,人口一直在持续增长中。

随之而来的是巨大的人口压力,日益庞大的人类族群需要足够的生活空间、房屋、粮食等。这对人类来说,是一个很大的难题。人们一直在考虑如何有效地利用地球资源,而同时又较好地保护自然环境并持续发展。20世纪,全世界出现了凶猛的城市化浪潮。现在,即使是发展中国家,也有越来越多的人涌入城市去谋生。

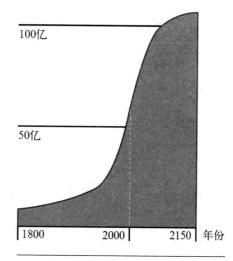

人口增长(上图)

19世纪初,世界人口大约为10亿,而到了19世纪末,则达到了60亿左右。按照目前的发展趋势,到2150年,人口将达到100亿。

知识窗

18世纪时,曾有人宣称:人口的增长速度将大大超过粮食产量的增长,久而久之,全球将陷入饥荒。然而,他没有预料到,19世纪开始,现代技术的进步促进了粮食产量的大幅度提高;到了20世纪,这种技术的良性影响更加显著。

未来的人类

半个世纪前,有很多关于所谓的"未来"的故事。当时,人们谈论的"未来"就是2000年以后。人们畅想太空旅行,每个人生活得健康而富足,人类有一个共同的全球政府,秩序井然。然而我们很清楚,直到今天,生活还没有达到这种程度。尽管在很多方面已经取得了巨大进步,但是人类距离乌托邦还是很遥远。对于世界上的大多数人来说,生活仍然非常艰辛。

今天,地球上至少1/4的人还存在严重的营养不良问题,还有1/10的人挣扎在饥饿之中。目前,世界上的粮食总产量足够养活每一个人,但粮食分布不均。较富裕的国家可以生产出远高于本国消费水平的粮食,但是他们为了维持农产品的价格,有时会销毁这些多余的粮食。而穷国则无法养活自己的人民。更严

濒危物种数目,按种类分:

30 800 种	1 183 种	1 130 种	938 种	752 种
植物	鸟类	哺乳动物	软体动物	鱼类
11%	12%	25%	1%	3%
392 种	296 种	280 种	146 种	
昆虫	爬行动物	甲壳动物	两栖动物	
0.05%	3%	1%	3%	

濒危物种的比例(截至2006年的数据)

濒危物种

随着人口的快速增长,其他很多物种反而在不断减少。人类贪婪地攫取土地、自然资源,导致地球上几乎所有的其他物种都面临着威胁。

未来走向何方?

如果人类把地球上的自然资源消耗殆尽,最终的结果,可能就是人类把自己引上了灭亡之路。

重的问题是,富国常常从穷国购买一些原材料,而生产原材料的土地原本可以起到更大的作用,可以养活原材料产国更多的人口。

那些粮食富足之地,也会遭遇很多问题。一些发达地区,特别是美国,因为对食物有太多的选择,人们常常饮食过量;在欧洲一些地区,这种现象也日益增多。过量饮食、久坐不动,这些习惯使得很多国家的人过于肥胖,相当一部分人甚至因肥胖患病。健康问题日益显著,心血管疾病患者大量增加。因此在科幻小说中,人们常常想象人的身体只增长大脑部分,而不是身体的脂肪等其他部位。

人类的大脑是会继续发展,还是已经达到进化顶点,我们还不得而知。人类的进化并没有一定的目标,我们只能说,它是向某些趋势演化。我们只能靠观察人类身上出现的变化特点,来进行预测。

地球人口是否还会持续增长? 也许会,但我们还是希望人口能保持相对的稳定均衡,甚至能在未来得到减少。发达国家的人口总数几乎已经不再增长。因为疾病被控制,婴儿死亡率大大减少,过去的那种大家庭模式已很少见。现代社会中的人不再愿意多要孩子,不再喜欢大家庭的群居,他们转而追求的是更舒适的生活方式。而发展中国家虽日益繁荣,但也经历了出生率的低潮。只有当全球的资源分布相对丰裕,可以供应给每个人,世界人口才可被有效控制。

你知道吗?

很多遗传缺陷,例如弱视、体质弱等,如今不再会使人类大量死亡。而在数千年乃至数百年前,这些都有可能是致命的缺陷,幸存者也遗传了这些缺陷。但最近数十年,我们已经弄清楚很多疾病的遗传影响。随着时代的发展,也许有一天,人类有能力纠正很多个体的基因缺陷之处。